日本音響学会 編
音響テクノロジーシリーズ **23**

弾性表面波・圧電振動型センサ

博士（工学）　近藤　　淳
博士（工学）　工藤すばる　共著

コロナ社

音響テクノロジーシリーズ編集委員会

編集委員長

千葉工業大学
博士（工学）　飯田　一博

編 集 委 員

東北学院大学
博士（情報科学）岩谷　幸雄

千葉工業大学
博士（工学）大川　茂樹

甲南大学
博士（情報科学）北村　達也

東京大学
博士（工学）坂本　慎一

滋賀県立大学
博士（工学）　坂本　眞一

神戸大学
博士（工学）佐藤　逸人

八戸工業大学
博士（工学）　三浦　雅展

（五十音順）

（2017 年 11 月現在）

発刊にあたって

　音響テクノロジーシリーズは1996年に発刊され，以来20年余りの期間に19巻が上梓された。このような長期にわたる刊行実績は，本シリーズが音響学の普及に一定の貢献をし，また読者から評価されてきたことを物語っているといえよう。

　この度，第5期の編集委員会が立ち上がった。7名の委員とともに，読者に有益な書籍を刊行し続けていく所存である。ここで，本シリーズの特徴，果たすべき役割，そして将来像について改めて考えてみたい。

　音響テクノロジーシリーズの特徴は，なんといってもテーマ設定が問題解決型であることであろう。東倉洋一初代編集委員長は本シリーズを「複数の分野に横断的に関わるメソッド的なシリーズ」と位置付けた。従来の書籍は学問分野や領域そのものをテーマとすることが多かったが，本シリーズでは問題を解決するために必要な知見が音響学の分野，領域をまたいで記述され，さらに多面的な考察が加えられている。これはほかの書籍とは一線を画するところであり，歴代の著者，編集委員長および編集委員の慧眼の賜物である。

　本シリーズで取り上げられてきたテーマは時代の最先端技術が多いが，第4巻「音の評価のための心理学的測定法」のように汎用性の広い基盤技術に焦点を当てたものもある。本シリーズの役割を鑑みると，最先端技術の体系的な知見が得られるテーマとともに，音の研究や技術開発の基盤となる実験手法，測定手法，シミュレーション手法，評価手法などに関する実践的な技術が修得できるテーマも重要である。

　加えて，古典的技術の伝承やアーカイブ化も本シリーズの役割の一つとなろう。例えば，アナログ信号を取り扱う技術は，技術者の高齢化により途絶の危

機にある。ディジタル信号処理技術がいかに進んでも，ヒトが知覚したり発したりする音波はアナログ信号であり，アナログ技術なくして音響システムは成り立たない。原理はもちろんのこと，ノウハウも含めて，広い意味での技術を体系的にまとめて次代へ継承する必要があるだろう。

コンピュータやネットワークの急速な発展により，研究開発のスピードが上がり，最新技術情報のサーキュレーションも格段に速くなった。このような状況において，スピードに劣る書籍に求められる役割はなんだろうか。それは上質な体系化だと考える。論文などで発表された知見を時間と分野を超えて体系化し，問題解決に繋がる「メソッド」として読者に届けることが本シリーズの存在意義であるということを再認識して編集に取り組みたい。

最後に本シリーズの将来像について少し触れたい。そもそも目に見えない音について書籍で伝えることには多大な困難が伴う。歴代の著者と編集委員会の苦労は計り知れない。昨今，書籍の電子化についての話題は尽きないが，本文の電子化はさておき，サンプル音，説明用動画，プログラム，あるいはデータベースなどに書籍の購入者がネット経由でアクセスできるような仕組みがあれば，読者の理解は飛躍的に向上するのではないだろうか。今後，検討すべき課題の一つである。

本シリーズが，音響学を志す学生，音響の実務についている技術者，研究者，さらには音響の教育に携わっている教員など，関連の方々にとって有益なものとなれば幸いである。本シリーズの発刊にあたり，企画と執筆に多大なご努力をいただいた編集委員，著者の方々，ならびに出版に際して種々のご尽力をいただいたコロナ社の諸氏に厚く感謝する。

2018年1月

音響テクノロジーシリーズ編集委員会
編集委員長　飯田　一博

まえがき

 「超音波」は人間の可聴周波数よりも高い音として広く知られている。その超音波の振動ならびに波動を利用した弾性波デバイスが，われわれの身のまわりで広く利用されていることについてどれだけ知られているであろうか。ほとんどは利用者の目に触れることのない「縁の下の力持ち」としての重要な役割を担っている。例えば，スマートフォンや携帯電話に代表される移動体通信機器において，情報通信用デバイスや信号処理デバイスは必要不可欠な電子部品であり，基準信号発生や周波数選択などの素子として弾性波デバイスが利用されている。また，ビデオカメラやデジタルカメラの手振れ検知あるいは物体の姿勢制御用の機能デバイスとして弾性波デバイスが使用されている。このように弾性波デバイスは，圧電効果を利用しているため電気的に制御できるという特徴がある。さらに，波動や振動を利用していることから周囲の環境変化によりその特性が変化するため，各種のセンサデバイスとして利用することができる。現在，弾性波センサはいろいろな分野で利用されており，その応用分野は今後ますます拡大していくものと期待される。

 本書は2部構成であり，第Ⅰ部では伝搬媒質表面近傍の振動を利用した弾性波デバイスとして「弾性表面波センサ」(担当：近藤) を，また，第Ⅱ部では固体振動を利用したバルク波デバイスとして「圧電振動型センサ」(担当：工藤) を取り扱う。

 弾性表面波センサには，水晶振動子，横波型板波，ラム波，ラブ波，弾性表面波，横波型弾性表面波がおもに利用されている。これらの中で，水晶振動子，横波型板波，ラム波，弾性表面波を用いたセンサに関しては書籍などが出版されている。しかし，ラブ波や横波型弾性表面波を用いたセンサに関して

は，基礎理論から応用まで網羅した書籍はない。しかし，現在最も利用されているのは横波型弾性表面波，ならびに横波型弾性表面波が伝搬する基板上に薄膜を付けたラブ波を用いたセンサである。そのため，これらを用いたセンサの検出原理を理解することは重要である。以上のことを考慮して，第Ⅰ部の「弾性表面波センサ」に関しては6章構成とした。1章では，弾性表面波ならびに弾性表面波センサの基礎について述べる。2章では，弾性表面波センサの構成ならびに代表的な測定法について記述する。3章から5章では，弾性表面波センサの基礎として数値解析法と摂動法の基礎を示す。6章では，ガスセンサ，バイオセンサ，液体センサなど各種弾性表面波センサの検出原理や測定例について具体的に述べる。

一方，固体振動を利用した電子デバイスの一つである水晶振動子や圧電振動子は，高い Q 値を持ち高安定で小型化が可能であるためエレクトロメカニカル機能デバイスとして広く実用化されている。また，これらの振動子を応用した圧電振動型センサの一例として，振動型力センサや加速度センサ，振動ジャイロ・角速度センサは，移動体通信機器や自動制御やナビゲーションシステムのキーデバイスとして使用されている。これらの圧電振動型センサの特性を理解し，小型化や高性能化，高機能化を図るためには，その基礎的事項である圧電現象ならびに各種振動子の特性と特徴を理解することが必要である。また，近年のコンピュータシミュレーション技術の発展と展開を考えると，回路シミュレータや有限要素法は設計，開発にはなくてはならないツールであり，圧電振動型センサの等価回路解析とシミュレーション法は必要不可欠な分野である。以上の点を踏まえて，第Ⅱ部の「圧電振動型センサ」に関しては7章構成とした。7章では，弾性波機能デバイスの特徴と圧電デバイスの解析手法について述べる。8章では，圧電振動の基礎として圧電方程式とその等価回路について記述する。9章では，基本となる各種の振動子について解説する。10章では，コンピュータシミュレーションと関連するマトリクス法と有限要素法の具体的な使用方法について記述する。11章から13章では，圧電振動子の具体的な応用例として，各種の圧電振動型センサの原理や構成例ならびに特性などに

ついて具体的に述べる。

　本書は，弾性表面波デバイス，および圧電振動型デバイス分野の研究を志す方や，これらを必要とする他分野の方々を対象として書かれたものであり，読者の方々に少しでもお役に立てれば幸いである。本書の内容は，筆者らが直接携わってきた研究内容を中心にまとめたものであり，これまでご指導いただいた諸先生方には深く感謝の意を表する次第である。しかしながら，浅学非才ゆえ不完全な点や誤った記述もあることが危惧されるので，読者のご教示とご意見を仰げれば幸いである。

　最後に，本書を執筆する機会を与えていただいた日本音響学会音響テクノロジーシリーズ編集委員会編集委員（当時）垣尾省司 山梨大学教授，ならびに筆者らの遅筆に付き合っていただいたコロナ社に厚くお礼を申し上げる。

2019 年 7 月

近藤　淳，工藤すばる

目　次

第Ⅰ部　弾性表面波センサ

1. 弾性波センサ

1.1　弾性波デバイス ·· 1
1.2　弾性波を用いた化学センサ，バイオセンサ ······················· 4
1.3　弾性波を用いた物理センサ ·· 8
引用・参考文献 ··· 9

2. 弾性表面波センサおよび測定法

2.1　弾性表面波デバイス ·· 11
2.2　代表的な測定システム ·· 13
　　2.2.1　発振周波数法　　13
　　2.2.2　位相差法　　15
　　2.2.3　バースト法　　17
　　2.2.4　ワイヤレス測定法　　18
2.3　測定原理 ·· 19
2.4　共振子タイプと遅延線タイプ ··· 21
2.5　検出限界 ·· 22
引用・参考文献 ··· 23

3. 弾性表面波センサの解析法

3.1 数値解析法 …………………………………………………………… 25
3.2 摂動法の基礎 …………………………………………………………… 32
   3.2.1 基本解の導出　32
   3.2.2 機械的摂動に対する基本解　34
   3.2.3 電気的摂動に対する基本解　35
3.3 速度変化および波数で規格化した減衰変化 ………………………… 35
引用・参考文献 ……………………………………………………………… 36

4. 機械的摂動

4.1 空気中での質量負荷効果 …………………………………………… 37
4.2 ニュートン流体に対する機械的摂動 ……………………………… 39
4.3 液体中での質量負荷効果 …………………………………………… 46
4.4 液体の密度と粘度分離測定 ………………………………………… 48
4.5 粘弾性流体 …………………………………………………………… 51
引用・参考文献 ……………………………………………………………… 57

5. 電気的摂動

5.1 伝搬面上が空気の場合の電気的摂動 ……………………………… 59
5.2 伝搬面上が液体の場合の電気的摂動 ……………………………… 62
5.3 比誘電率-導電率図表 ………………………………………………… 66
5.4 比誘電率-導電率図表を用いた液体評価 …………………………… 67
   5.4.1 導電率滴定　67
   5.4.2 ミネラルウォーター測定　70
5.5 導電率と誘電率を用いた水評価 …………………………………… 71

5.6　基準液体の導電率が無視できない場合 …………………………… 72

引用・参考文献 …………………………………………………………… 74

6. 弾性表面波センサを用いた応用測定

6.1　ガスセンサ ……………………………………………………………… 76
6.2　バイオセンサ …………………………………………………………… 80
　　6.2.1　バイオセンサとは　　80
　　6.2.2　免疫センサ　　81
　　6.2.3　酵素センサ　　84
6.3　多変量解析を用いた液体識別 ………………………………………… 87
　　6.3.1　多変量解析　　87
　　6.3.2　多変量解析を利用した液体識別　　88
　　6.3.3　多変量解析を利用した混合液体評価　　95
6.4　ニューラルネットワークを用いた電解質水溶液識別 ……………… 98
　　6.4.1　ニューラルネットワーク　　98
　　6.4.2　液体フローシステムを用いた測定　　99
　　6.4.3　ニューラルネットワークを用いた電解質の識別　　102
6.5　センサ応答の推定 ……………………………………………………… 104
6.6　層状構造を用いた弾性波センサの高感度化 ………………………… 106
6.7　ワイヤレスSAWセンサ ……………………………………………… 108
　　6.7.1　SAW温度センサ　　108
　　6.7.2　SAWひずみセンサ　　110
　　6.7.3　SAW圧力センサ　　111
　　6.7.4　SAWトルクセンサ　　112
　　6.7.5　インピーダンス負荷SAWセンサ　　112

引用・参考文献 …………………………………………………………… 114

第 II 部　圧電振動型センサ

7. 圧電振動型センサ

7.1 弾性波機能デバイスの特徴 ……………………………………………… 117
7.2 圧電デバイスの解析手法 ………………………………………………… 120
引用・参考文献 ……………………………………………………………… 122

8. 固体の振動

8.1 固体の弾性 ………………………………………………………………… 123
8.1.1 ひずみと応力　123
8.1.2 弾性定数　126
8.1.3 圧電方程式の表現方法　128
8.2 圧電振動と等価回路 ……………………………………………………… 129
8.2.1 振動子の縦振動　129
8.2.2 Masonの等価回路　133
8.3 圧電振動子の等価回路 …………………………………………………… 135
8.3.1 電気音響変換の基本式　135
8.3.2 簡易等価回路　137
引用・参考文献 ……………………………………………………………… 139

9. 振動子

9.1 縦振動子およびねじり振動子 …………………………………………… 140
9.1.1 縦振動子　140
9.1.2 ねじり振動子　141
9.2 横振動子 …………………………………………………………………… 145

引用・参考文献……………………………………………………………………149

10. マトリクス法と有限要素法

10.1 振動体のマトリクス表示と特性解析………………………………………150
    10.1.1 振動体のマトリクス表示　　150
    10.1.2 片持ち複合棒・双共振子の解析　　153
10.2 有 限 要 素 法……………………………………………………………160
    10.2.1 有限要素法の概要　　160
    10.2.2 双共振音片振動子の結合振動の有限要素法解析　　161
    10.2.3 圧電セラミック縦振動子の有限要素法解析　　164
引用・参考文献……………………………………………………………………166

11. 振動型力センサ

11.1 弦 の 振 動……………………………………………………………167
11.2 複合音さ型振動子を用いた力センサ………………………………………170
11.3 各種構造の横振動子を用いた力センサ……………………………………172
    11.3.1 振動子の構造と振動変位解析　　172
    11.3.2 力センサとしての特性解析　　175
    11.3.3 加速度センサへの応用　　176
    11.3.4 多軸加速度センサなどへの応用　　178
引用・参考文献……………………………………………………………………180

12. 振動ジャイロ・角速度センサ

12.1 原 理 と 構 成……………………………………………………………181
12.2 等 価 回 路……………………………………………………………183
12.3 感 度 特 性……………………………………………………………185

12.3.1　性能指数の導出と考察　185
　　12.3.2　回転角速度に対する出力電圧特性　187
　　12.3.3　感度の実験的検討　188
12.4　応　答　特　性………………………………………………………189
　　12.4.1　周波数応答特性　189
　　12.4.2　過渡応答特性　192
12.5　漏れ出力特性………………………………………………………194
　　12.5.1　総合等価回路　194
　　12.5.2　漏れ出力の低減化　196
引用・参考文献………………………………………………………………197

13. 触覚センサ

13.1　接触インピーダンス法による触覚センサの原理……………………199
13.2　触覚センサの周波数変化率…………………………………………201
　　13.2.1　軟らかい対象物の場合　201
　　13.2.2　硬い対象物の場合　202
　　13.2.3　実験的検討　202
13.3　振動子の質量と触覚センサの周波数変化率との関係………………205
13.4　触覚センサの高感度化の検討………………………………………207
　　13.4.1　有限要素法によるホーン型縦振動子の等価質量の解析　207
　　13.4.2　触覚センサの構成例　209
　　13.4.3　実験的検討　210
引用・参考文献………………………………………………………………211

索　　引………………………………………………………………………213

第Ⅰ部　弾性表面波センサ

1　弾性波センサ

1.1　弾性波デバイス

　われわれの身のまわりにあるさまざまなもの，例えばスマートフォン，自動車などには，**圧電効果**（piezoelectric effect）を利用した部品が至るところで使われている．しかし，一般の目に触れる機会は少ない．**弾性波センサ**（acoustic wave sensor）の動作原理は圧電効果に基づく．そこで，まずはじめに圧電効果に関する若干の説明から始める．

　1880年キューリー兄弟は，**水晶**（quartz）や電気石に圧力を加えると電荷（電気双極子）が発生する現象を見いだした．機械エネルギーから電気エネルギーへの変換であり，これが圧電効果である．1881年には外部から結晶に**電界**（electric field）を印加すると結晶に**ひずみ**（strain）が発生すること，つまり電気エネルギーから機械エネルギーへの変換効果がLippmannにより理論的に予測され，キューリー兄弟により実験的に確認された．これを**逆圧電効果**（inverse piezoelectric effect）という．現在では両者を区別せず，どちらも圧電効果と呼ぶことが多い．圧電効果は誘電体に属する**圧電材料**（piezoelectric material）または**圧電結晶**（piezoelectric crystal）で生じる．特に，電気エネルギーを機械エネルギーに変換できることは，振動が容易に電気的に制御可能

であることを意味する。このため，圧電材料は**超音波**（ultrasonics）の発生や検出のために利用されるようになった。1917年ランジュバンは**ランジュバン振動子**（Langevin type transducer）と呼ばれる探針用の振動子を考案した。これは，現在でも**ボルト締めランジュバン振動子**（bolt-clamped Langevin type ultrasonic transducer）として利用されている。

1922年にCadyは圧電結晶である水晶を用いた**共振子**（resonator）に関する発表を行った[1]†1。これが現在の圧電効果を利用した電子デバイスの礎である。日本においても昭和9年（1934年）には文献2）が出版されており，この文献の4章で水晶を利用した振動子に関する詳しい説明がなされている。水晶薄板上下に電極を設け，電極に交流信号（交番電界）を印加することにより一定の**周波数**（frequency）で振動する。1932年に古賀により見いだされた**ATカット水晶**（AT cut quartz）[3]は，室温付近で安定した温度特性を持つため現在でも広く利用されている。

弾性表面波†2（surface acoustic wave：SAW）とは，弾性体表面にエネルギーを集中して伝搬する波である。SAWは，イギリスの物理学者レイリー卿により解析的に見いだされた波である[4]。このため，**レイリー波**（Rayleigh waveまたはRayleigh-SAW）とも呼ばれる。SAWは，伝搬方向に振動成分を持つ**L波**（longitudinal wave）と，表面に垂直な振動成分を持つ**SV波**（shear vertical wave）の二つの振動成分の合成した波であり，表面の質点は後方楕円回転している。また，表面に集中して伝搬する波のため，変位は表面から離れると小さくなる。

1960年代半ばまで，SAWはおもに地震学などの分野で研究が行われていた。転機となったのは，1965年の山之内ら，ならびにWhiteらによる**すだれ状電極**（interdigital transducer：IDT）の報告である[5],[6]。**図1.1**（a）に示

---
†1 肩付き数字は章末の引用・参考文献を表す。
†2 表面弾性波と呼ばれることもある。国際電気標準会議（International Electrotechnical Commission：IEC）のElectropedia（http://www.electropedia.org/）では"弾性表面波"と定義されているので本書ではこれに従う。
（注）本書に掲載されているURLは，編集当時のものであり，変更される場合がある。

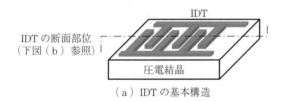

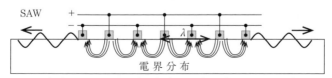

図 1.1 IDT（すだれ状電極）の基本構造と電界分布

す構造を圧電結晶上に作成することにより，SAW の送受信を電気的に行えるようになった。その後，**SAW デバイス**（SAW device）は信号処理用デバイス，特に**フィルタ**（filter）や**デュプレクサ**（duplexer）として研究，開発が進められている[7]〜[9]。例えば，**図 1.2** は，SAW デバイスを用いたスマートフォンや携帯電話などの回路構成例である。スマートフォンや携帯電話などで利用される周波数は，通信企業ごとに異なる帯域が割り当てられている。また，送信，受信の周波数もその割り当てられた周波数帯の中で分けられている。**SAW 共振子**（SAW resonator）を用いたデュプレクサは，送信信号と受信信号を切り分けるスイッチの役割を果たしている。また，特定の信号のみを通過

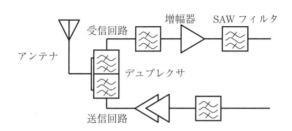

図 1.2 SAW デバイスを用いたスマートフォンや携帯電話などの回路構成例

させるフィルタとしてSAWデバイスが利用されている。このように，現在のスマートフォンや携帯電話にはSAWデバイスが複数個利用され，欠かすことのできない電子部品となっている。

振動している面に物質が付着するとその振動特性が変化することは容易に想像できる。ドイツのSauerbreyは，**水晶振動子**（quartz resonator）の電極上に厚さが均一な薄膜を装荷すると振動周波数が変化することを報告した[10]。これが**弾性波デバイス**（acoustic wave device）を用いた**センサ**（sensor）の最初の報告である。1.2節では弾性波センサの研究および開発の大まかな流れについて説明する。

1.2 弾性波を用いた化学センサ，バイオセンサ

1959年にSauerbreyは，**厚みすべり振動**（thickness shear mode：TSM）する振動子上に，厚さhの**等方性薄膜**（isotropic thin film）が装荷されたときや微小質量が付着したときに生じる，周波数変化を表す式（1.1）を導出した[10]。

$$\Delta f = -\frac{2f_0^2}{\sqrt{\rho_q \mu_q}} \rho h \tag{1.1}$$

ここで，Δfは**周波数変化**（frequency change），f_0は水晶振動子の**共振周波数**（resonance frequency），ρとhは電極上に装荷された膜の**密度**（density）と**膜厚**（thickness），ρ_qとμ_qは水晶の密度と**ずり弾性率**（shear modulus）である。膜の密度と膜厚の積，すなわちρhは**面密度**（surface mass density）を表している。周波数変化より電極上の質量変化を検知できるため，水晶振動子を用いた質量センサは**水晶微量天びん**（quartz crystal microbalance：QCM）とも呼ばれる。この原理に基づいた水晶振動子は，**化学センサ**（chemical sensor）や**バイオセンサ**（biosensor）だけでなく**物理センサ**（physical sensor）にも応用されている。ガス種や生体分子を検出する場合は化学センサまたはバイオセンサ，真空装置内で膜厚を測定する場合は物理センサである。

Sauerbreyの報告以降,弾性波デバイスのセンサ応用が始められたといってよい。なお,弾性波デバイスを利用したセンサの一般通則と化学センサ,およびバイオセンサに関する国際標準が2017年12月に発行された[†]。

1964年,水晶振動子の**ガスセンサ**(gas sensor)への応用がKingにより示された[11]。この報告は,水晶振動子の化学センサ応用の始まりと位置付けることができる。一方,レイリー波の化学センサ応用に関する最初の報告は,1979年にWohltjenらによってなされた[12)~14)]。また,WohltjenはAuldの**摂動法**(perturbation theory)を利用して,SAWセンサの**負荷質量**(loaded mass)に対する理論式(1.2)を導出している[15)]。

$$\Delta f = -(k_1+k_2)\rho h f_0^2 - \left(\frac{4\mu}{V_R}\right)\left(\frac{\lambda+\mu}{\lambda+2\mu}\right)k_2 h f_0^2 \tag{1.2}$$

ここで,k_1とk_2は使用する圧電基板に依存した係数,V_Rは使用する圧電基板を伝搬するレイリー波の伝搬速度,λとμは装荷された膜の**ラメ定数**(Lamé's constants)である。式(1.1),(1.2)のどちらも,水晶振動子やSAWデバイスを発振回路に組み込んで動作させることを考えている。このため,周波数変化Δf〔Hz〕に対する表現式となっている。両式より負荷質量に対する周波数変化は,デバイスの励振周波数の2乗に比例することがわかる。つまり,高周波デバイスほど同じ負荷質量に対する周波数変化量は大きくなる。

ガスセンサは気相系で動作するセンサである。野村らは,水晶振動子を液体中の測定に初めて応用した[16)]。厚みすべり振動を利用した水晶振動子は表面の振動変位が横振動であるため,振動面上に液体を載せても振動可能である。野村らによる液体環境下の実験でも水晶振動子が動作可能であるという報告以降,水晶振動子センサを用いた液体中での測定が行われるようになった。振動表面の面内方向の振動振幅が$1/e$となる距離は**粘性侵入度**(viscos penetration depth)δと呼ばれている(式(1.3))[17)]。

$$\delta = \sqrt{\frac{2\eta_{\mathrm{liq}}}{\rho_{\mathrm{liq}}\omega}} \tag{1.3}$$

[†] IEC 63041-1 Piezoelectric sensors — Part 1:Generic specifications
　IEC 63041-2 Piezoelectric sensors — Part 2:Chemical and biochemical sensors

ここで，ω は**角周波数**（angular frequency），ρ_{liq} と η_{liq} は液体の密度と**粘度**（viscosity）である．粘性侵入度は粘度が大きくなると増加し，高周波になると減少する．粘性侵入度内の液体の特性により，伝搬面に平行で伝搬方向に垂直な**横波**（shear horizontal：SH）方向の変位分布が変わる．その結果，弾性波センサの出力信号が変化する．1985 年に Kanazawa と Gordon により，厚みすべり振動する水晶振動子に関する，後に Kanazawa-Gordon の式と呼ばれる式 (1.4) が提案された[18]．

$$\Delta f = -f_0^2 \sqrt{\frac{\rho_{\text{liq}} \eta_{\text{liq}}}{\pi \rho_q \mu_q}} \tag{1.4}$$

式 (1.4) より，周波数変化は液体の密度粘度積に依存することがわかる．

1980 年代から現在に至るまで，弾性波センサのおもな応用分野はバイオセンサ，特に**抗原抗体反応**（antigen-antibody reaction），または**免疫反応**（immunoreaction）を検出する**免疫センサ**（immunosensor）である．酵素免疫測定法や放射免疫測定法などの免疫反応測定法はすでに確立されている．しかし，これらの方法では，抗原抗体反応の後，酵素などで標識した抗体と反応させてから定量するので，抗原抗体反応の実時間測定は不可能である．そこで，**ラベルフリー**（label free）かつ**実時間測定**（real time measurement）が可能な水晶振動子センサの注目が高まった．式 (1.1) より，質量変化に対する弾性波センサ応答は周波数の 2 乗に比例することがわかる．水晶振動子センサの周波数を高くするとセンサ感度も増加する．しかし，水晶振動子の板厚は周波数に反比例するため，高周波になるほど板厚は薄くなる．この問題の解決策として，速度非分散，すなわち伝搬速度が板厚と無関係な SAW センサが注目された．

一般的に SAW といえばレイリー波を指す．レイリー波が伝搬する面に液滴を置くと，SV 成分の影響によりレイリー波は液体に縦波を放射しながら減衰する**漏洩弾性表面波**(ろうえい)（leaky-SAW：LSAW）となる．このため水晶振動子センサのように液体測定を行うことが困難である．ところで，圧電結晶は異方性

なので，伝搬する弾性波モードは結晶の配向に依存する．1977年，東北大学の中村らは，36°回転Y板X伝搬LiTaO$_3$（36YX-LiTaO$_3$）を伝搬するSAWが**疑似弾性表面波**†（pseudo SAW：PSAW）であることを見いだした[19]．1987年，東京工業大学の森泉らは，36YX-LiTaO$_3$を伝搬するPSAWの主変位が，横波モードであることに着目した．圧電結晶の表面では，SHモードの振動変位は厚みすべり振動と同じなので，森泉らはPSAWを利用した液相系SAWセンサを実現した[20]．現在，PSAWは**横波型弾性表面波**（SH-SAW）と呼ばれている．

同じ頃，圧電結晶を伝搬する板波を利用した弾性波センサも提案されている．Martinらは，**SH板波**（SH-acoustic plate mode：SH-APM）を利用することで液体測定ができることを示した[21]．Whiteらは，**非対称0次モードラム波**（antisymmetric 0th Lamb wave）を利用することを提案した[22]．ラム波の表面における粒子変位はレイリー波と同じである．しかし，非対称0次モードラム波の伝搬速度は液体中の音速よりも遅いので液体中へのエネルギー漏洩が生じない．1990年代に入り，Gizeliらは，SH-SAWが伝搬する圧電結晶上に高分子膜を装荷した**ラブ波**（Love wave）センサを提案した[23]．

化学センサおよびバイオセンサとして利用されるおもな弾性波デバイスを**表1.1**にまとめた．水晶振動子センサ以外はIDTにより弾性波を送受する．レイリー波以外は気相，液相どちらでも使用できる．水晶振動子は電極上で，また，レイリー波とSH-SAWおよびラブ波はIDTと同じ面でセンシングするのに対し，SH-APMとラム波はIDTと反対面でセンシングを行うことができるという特徴を持つ．1990年以降，水晶振動子に加え，設計と作成が容易なレイリー波，SH-SAW，およびSH-SAWが伝搬する圧電結晶上に等方性膜を装荷した，ラブ波を用いた化学センサやバイオセンサの研究が活発に行われている．ラブ波の場合，装荷膜の膜厚制御が重要となる．これについては6章で説

---

† 疑似弾性表面波（PSAW）と漏洩弾性表面波（LSAW）は，同義語として一般的に利用されている．本書では圧電結晶内にエネルギーを放射する波をPSAW，液体など圧電結晶上の媒質にエネルギーを放射する波をLSAWとする．

表 1.1 化学センサおよびバイオセンサとして利用されるおもな弾性波デバイス

水晶振動子		AT カット水晶	ガスセンサ 液体用センサ バイオセンサ
レイリー波		ST カット水晶	ガスセンサ
SH-SAW		36YX-LiTaO$_3$	ガスセンサ 液体用センサ バイオセンサ
SH-APM		ST カット 90X 伝搬水晶	ガスセンサ 液体用センサ バイオセンサ
ラム波		ZnO/Si$_x$N$_y$	ガスセンサ 液体用センサ バイオセンサ
ラブ波		（例）ポリメタクリル酸メチル (PMMA)/ST カット 90X 伝搬水晶	ガスセンサ 液体用センサ バイオセンサ

明する。

弾性波デバイスを用いた化学センサおよびバイオセンサに関する書籍として文献 24)〜26) などがある。しかし，SH-SAW に関する書籍はあまりない[27]。そこで，本書では，おもに SH-SAW を用いた液相系センサを中心に述べる。

1.3　弾性波を用いた物理センサ

QCM（水晶微量天びん）を利用した膜厚計は，物理センサとしての最初の応用である。その後，水晶振動子は真空計や圧力計などにも利用されている[7]。一般的に，圧電材料の変換効率を表す**電気機械結合係数**（electromechanical coupling factor）が大きい材料は温度に対する弾性波の変化が大きい。フィルタなど電子デバイス応用では，温度に対する影響を小さくするため，① 温度依存性が小さい圧電結晶を利用する，② 温度係数の異なる異種材料と圧

電結晶を組み合わせる,などの方法が提案され,実デバイスに応用されている[28]。このことを別の視点から考えると,温度係数の大きい弾性波デバイスは温度センサとして利用できるということになる。例えば,弾性波としてSAWを利用すると**SAW温度センサ**(SAW temperature sensor)が実現できる。ほかにもさまざまな物理センサが実現可能である。物理センサについては,**ワイヤレスSAWセンサ**(wireless SAW sensor)も含めて6章で説明する。

引用・参考文献

1) W. G. Cady : The piezo-electric resonator, Proceedings of the Institute of Radio Engineers **10**[†], pp. 83-114 (1922)
2) 松村定雄:ピエゾ電気と其応用,無線工学講座,第6巻,共立社書店 (1934)
3) I. Koga : Thickness Vibrations of Piezoelectric Oscillating Crystal, Physics, **4**, pp. 70-80 (1932)
4) L. Rayleigh : On Waves Propagated along the Plane surface of an Elastic Solid, Proc. London Math. Soc., **17**, pp. 4-11 (1885)
5) 山之内和彦,柴山乾夫:すだれ状電極による圧電板に対する弾性波の励振について,東北大学電気通信研究所,第130回音響工学研究会資料 (1965),および K. Yamanouchi, M. Shibayama : Elastic surface-wave excitation, using parallel-line electrodes above piezoelectric plates, J. Acoust. Soc. Amer., **41**, pp. 222-223 (1967)
6) R. M. White and F. W. Voltmer : Direct Piezoelectric Coupling to Surface Elastic Wave, Appl. Phys. Lett., **7**, pp. 314-316 (1965)
7) 日本学術振興会弾性波素子技術第150委員会編:弾性波素子技術ハンドブック,オーム社 (1991)
8) C. K. Campbell : Surface Acoustic Wave Devices for Mobile and Wireless Communication, Academic Press (1998)
9) 橋本研也:弾性表面波(SAW)デバイスシミュレーション技術入門,リアライズ社 (1997)
10) G. Sauerbrey : Verwendung von Schwingquarzen zur Wägung dünner Schichten und zur Mikrowägung, Zeitschruft für Physik, **155**, pp. 206-222 (1959)
11) W. H. King : Piezoelectric Sorption Detector, Anal. Chem., **36**, pp. 1735-1739 (1964)

[†] 論文誌の巻番号は太字,号番号は細字で表記する。

12) H. Wohltjen and R. Dessy : Surface Acoustic Wave Probe for Chemical Analysis, I, Introduction and Instrument Description, Anal. Chem., **51**, pp. 1458-1464 (1979)
13) H. Wohltjen and R. Dessy : Surface Acoustic Wave Probe for Chemical Analysis, II, Gas Chromatography Detector, ibid.[†], pp. 1465-1470 (1979)
14) H. Wohltjen and R. Dessy : Surface Acoustic Wave Probe for Chemical Analysis, III, Thermomechanical Polymer Analyzer, ibid., pp. 1470-1475 (1979)
15) H. Wohltjen : Mechanism of Operation and design considerations for surface acoustic wave device vapor sensors, Sensors & Actuators, **5**, pp. 307-325 (1984)
16) 野村俊明，嶺村昭子：水晶発振子の水溶液中における挙動とその微量シアン化物イオン定量法への応用，日本化学会誌, **10**, pp. 1621-1625 (1980)
17) 恒藤敏彦：弾性体と流体，6章，岩波書店 (1983)
18) K. K. Kanazawa and J. G. Gordon II : The Oscillation Frequency of a Quartz Resonator in Contact with a Liquid, Anal. Chim. Acta, **175**, pp. 99-105 (1985)
19) K. Nakamura, M. Kazumi, and H. Shimizu : SH-type and Rayleigh-type surface Acoustic Waves on rotated Y-Cut LiTaO$_3$, Proc. IEEE Ultrasonics Symp., pp. 819-822 (1977)
20) T. Moriizumi, Y. Unno, and S. Shiokawa : New Sensor in Liquid Using Leaky SAW, Proc. IEEE Ultrasonics Symp., pp. 579-582 (1987)
21) S. J. Martin, A. J. Ricco, and G. C. Frye : Sensing in Liquids with SH Plate Mode Devices, Proc. IEEE Ultrasonics Symp., pp. 607-611 (1988)
22) R. M. White and S. W. Wenzel : Liquid loading of a Lamb-wave sensor, Appl. Phys. Lett., **52**, pp. 1653-1655 (1988)
23) E. Gizeli, A. C. Stevenson, N. J. Goddard, and C. R. Lowe : A Novel Love-Plate Acoustic Sensor Utilizing Polymer Overlayers, IEEE Trans. on UFFC, **39**, pp. 657-659 (1992)
24) D. S. Ballantine, R. M. White, S. J. Martin, A. J. Ricco, E. T. Zellers, G. C. Frye, and H. Wohltjen : Acoustic Wave Sensors Theory, Design, and Physico-Chemical Applications, Academic Press (1997)
25) M. Thompson and D. C. Stone : Surface Launched Acoustic Wave Sensors, Wiley (1997)
26) 岡畑惠雄：バイオセンシングのための水晶発振子マイクロバランス法−原理から応用まで，講談社 (2013)
27) J. Kondoh and S. Shiokawa : Shear-Horizontal Surface Acoustic Wave Sensors, Sensors Update, **6** (H. Baltes, W. Göpel, and J. Hesse Eds.), pp. 59-78 (2000)
28) K. Yamanouchi and T. Ishii : High temperature high electromechanical coupling substrates and application for surface acoustic wave devices, Proc. IEEE Ultrasonics Sump., pp. 189-192 (2001)

† ibid. は直前の文献を指す。

2 弾性表面波センサおよび測定法

2.1 弾性表面波デバイス

SAW デバイスの基本構成は，**図 2.1** に示す**共振子タイプ**（resonator type）と**遅延線タイプ**（delay-line type）に大別できる。正規型 IDT の電極指幅ならびに電極間隔は $\lambda/4$（λ：波長）である。電極の開口長や電極対数により SAW デバイスの特性が決まる。IDT の解析には，古典的な **Smith の等価回路**（Smith's equivalent circuit）[1] や，**モード結合理論**（coupling of mode theory）などさまざまな手法が適用されている[2),3)]。また，SAW デバイスの特性改善（例えば低損失化）のため，図 2.1 に示す IDT 構造のほかに，スプリット電極，設計周波数で一方向のみに SAW を伝搬させるようにした一方向性電極も報告されている。例えば，**図 2.2 は浮き電極を持つ一方向性電極**（floating unidirectional transducer：FEUDT）[4)]を送受 IDT として用いた SAW 遅延線の**挿入損失**（insertion loss）と**位相特性**（phase characteristics）である。位相

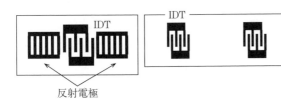

（a）共振子タイプ　　（b）遅延線タイプ　　　（c）遅延線タイプ
　　　　　　　　　　　　（伝搬面開放）　　　　（伝搬面短絡）

反射電極

図 2.1 SAW デバイスの基本構成

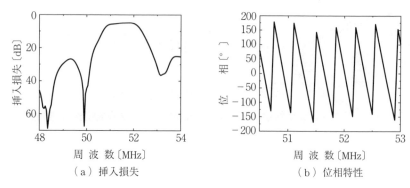

図 2.2 FEUDT を送受 IDT として用いた SAW デバイスの挿入損失と位相特性

特性は周波数特性のメインローブに相当する部分のみ示している。SAW センサでも，メインローブ内の低リップルと低損失，かつ低位相ひずみであることは重要である[5]。位相ひずみがある場合，測定周波数により位相変化量が異なるという問題がある[6]。これまでに SAW デバイスの特性改善のために報告されている構造を，センサ応用に対しても積極的に利用することが好ましい。

SAW デバイスをフィルタなど信号処理デバイスとして応用する場合，温度などの変化により特性が変わらないようにする工夫がされている。これに対し，SAW センサ応用では，SAW センサと接するまたは周囲の媒質変化により SAW の特性が変化することを積極的に利用する。SAW の特性に影響を与える要因として，温度，圧力，負荷質量，密度，粘度，ずり弾性率，誘電率，導電率などさまざまある。ほかの一般的なセンサは，例えばガラス電極が水素イオン濃度に応答するように，一つの量のみを測定対象とすることが多い。このため，複数の物性値を必要とする場合には検出原理の異なる複数のセンサを用意する必要がある。一つのセンサでさまざまな物性値が測定可能なことは，SAW を含む弾性波センサの長所である。しかし，一つの物性値だけ測定したい場合，さまざまな要因に対して応答することは欠点となる。このため，例えば負荷質量を測定する場合

$$F'(温度，圧力，負荷質量，密度，\cdots) - F(温度，圧力，密度，\cdots)$$
$$= \Delta F(負荷質量) \tag{2.1}$$

のように，二つのセンサを用い，そのうち一つは質量に応答しないようにし，両者の差を検出しなければならない。差動出力を検出することにより，両者の共通項目は相殺されるため，負荷質量のみ測定することができる。このとき，$F'(\ )$ は検出用弾性波センサの応答，$F(\ )$ は参照用弾性波センサの応答に対応する。SAWセンサをはじめとする弾性波センサは相対測定なので，それに適した測定システムが必要となる。

2.2 代表的な測定システム

弾性波デバイスの測定システムとして代表的な**発振周波数法**（oscillation frequency method），**位相差法**（phase difference method），**バースト法**（burst wave method），ならびにワイヤレスパッシブSAWセンサの測定システムについて説明する。

2.2.1 発振周波数法

コルピッツ発振回路のように，弾性波デバイスを用いた発振回路は広く利用されている。発振周波数法は発振回路を測定に利用した手法である。発振周波数法の測定原理を**図2.3**に示す。位相を ϕ_0 に固定したときの周波数と挿入損失（または振幅）を測定する。なお，測定する周波数と損失は図中に○印で示している。高周波増幅器とSAWセンサデバイス（ほかの弾性波センサデバイスでもかまわない）からなる発振周波数法の基本構成を**図2.4**に示す。

IDTにより電気信号からSAW，またはSAWから電気信号に変換される。摂動によりSAWが変化を受けて生じる電気信号の周波数変化を検出する。式(2.1)に示したように，一般的にSAWの伝搬特性は温度にも依存する。温度センサ以外の応用の場合，温度に対する変動を小さくしたい（温度補償）。このため，**図2.5**のように，**参照用**（reference）と**検出用**（sensing）の2個のSAWセンサをそれぞれ発振回路内に組み込み，周波数差（$f_R - f_S$）を測定する。参照用および検出用SAWセンサを同じ温度環境下に設置すれば，それぞ

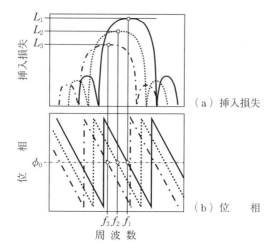

位相を ϕ_0 に固定して,周波数と挿入損失(または振幅)を測定する。

図 2.3 発振周波数法の測定原理

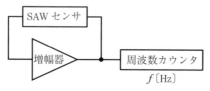

図 2.4 発振周波数法の基本構成

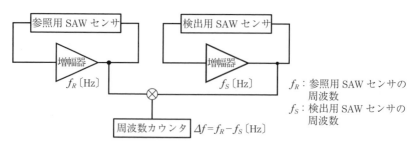

図 2.5 参照用および検出用 SAW センサから構成される発振周波数法

れの発振周波数の差を検出することにより温度の影響を低減できる。また,図2.3に示したように周波数だけでなく挿入損失(または振幅)も変化する。振

幅を評価するためには，SAWへ入力する電気信号の振幅を一定に保つ必要がある。この目的のため，自動利得制御（AGC）回路が使われている[5]。

発振回路には共振子タイプ，遅延線タイプのどちらも利用可能ではある。しかし，遅延線タイプの場合，発振周波数の飛びが生じることがある[5]。図2.2に示したように，IDT間に検出領域を設けた遅延線タイプでは，メインローブ内に発振可能な位相点が複数含まれる。損失の増加により，発振周波数が f_1 から f_2 に移ることがある。このような周波数の「飛び」現象の低減が，遅延線を用いた発振周波数法の重要課題となる[5]。不安定性の低減のため遅延線タイプを発振回路で用いるのは避けたほうがよい。

2.2.2 位相差法

位相差法とは，基準信号との**位相差**（phase difference）を検知する手法であり，遅延線タイプのセンサで用いられる。位相差法の測定原理を**図2.6**に示す。周波数を f_0 に固定したときの位相と挿入損失（または振幅）を検出する。なお，測定する位相と挿入損失は図中に〇印で示している。実際には，基準信

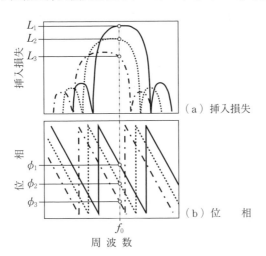

周波数を f_0 に固定して，位相と挿入損失
（または振幅）を測定する。
図2.6 位相差法の測定原理

号の位相との差を検出するため，位相差法と呼ばれる。

位相差法の基本構成を**図 2.7**に示す。基準信号源からの正弦波信号を二つに分け，一つをIDTに入力する。センシング面を通過したSAWが再びIDTにより電気信号に変換される。この信号と入力信号の位相差を測定する。また，位相と同時に，基準信号の振幅と変化を受けた信号の振幅も測定されることが多い。

図 2.7 位相差法の基本構成

温度補償する場合には，発振周波数法と同様に参照用と検出用のSAWセンサを利用する。この場合，**図 2.8**に示す2通りの方法がある。図（a）の場合，参照用および検出用SAWセンサに同時に正弦波信号を入力し，その出力信号の位相差を測定する。図（b）では，参照用および検出用SAWセンサはスイッチにより逐次切り替えられ，基準信号と参照用または検出用SAWセンサの位相差を検出し，それぞれの位相差から参照用および検出用SAWセンサ

（a）参照用および検出用SAWセンサの
　　位相差を直接測定する場合

（b）参照用または検出用SAWセンサと
　　基準信号の位相差を測定する場合

図 2.8 参照用および検出用SAWセンサを
　　　　用いたときの位相差法の構成

の位相差を求める。図(a)の場合,位相差しか得られないので,参照用と検出用のSAWセンサの個別モニタリングはできない。図(b)の場合,参照用と検出用のSAWセンサの個々の応答が得られるという利点がある。しかし,スイッチングによる時間差があるため,急激に温度変化する環境下での使用は困難である。

SAWを用いた発振回路を基準信号源に用いる手法も提案されている[7]。SAWセンサと同じ圧電結晶を利用したSAWデバイス(共振子)を発振回路に組み込む。温度変化により発振周波数が変化する。SAWセンサも同じように温度変化を受けるので,温度の影響がキャンセルされた位相差を測定することができる。

2.2.3 バースト法

バースト波(またはトーンバースト波)を用いた測定方法は,超音波で一般的に利用されている。バースト波を用いる場合,図2.1(b)に示した遅延線タイプの弾性波センサが基本となる。また,一つのIDTで送受波が行えるため,**図2.9**に示す基本構成のように反射電極をSAW伝搬面に設ければよい。IDTから励振されたSAWは,センシング面を2回通過することになる。このため,送受IDTから構成される遅延線タイプと同じセンシング長を実現する場合,デバイスサイズを1/2にすることができる。反射信号はオシロスコープなどで測定できる。

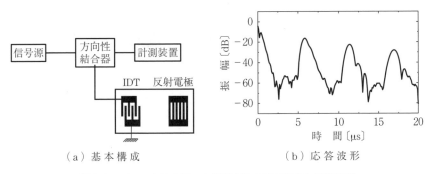

(a) 基本構成　　　　　　　(b) 応答波形

図2.9 バースト波を用いた測定方法の基本構成と応答波形

2.2.4 ワイヤレス測定法

SAW デバイスの特徴の一つは,半導体デバイスのように DC バイアスを必要としないことである。SAW を励振するには IDT の設計で決まる周波数を持つ正弦波信号を IDT に入力すればよい。このとき,信号発生器と IDT 間をケーブルで接続しなくても,それぞれにアンテナを設けて無線で信号伝送することも可能である。

図 2.10(a)は,図 2.9(a)とほぼ同じ構成のワイヤレス測定法である。ワイヤレス SAW センサは 1990 年代半ばから活発に研究がなされるようになった[8]。文献 8)には図 2.10(b)に示す反射電極にインピーダンスが変わるセンサを接続した構成についても提案されている。いわゆる**インピーダンス負荷 SAW センサ**(impedance-loaded SAW sensor)である。市販されているインピーダンス変化型センサには通常電源が必要である。このセンサを SAW デバイスに接続することにより,ワイヤレスかつパッシブで利用できるようになる[9]。

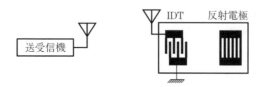

(a)ワイヤレス SAW センサの基本構成

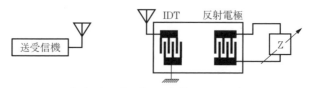

(b)インピーダンス負荷 SAW センサ

図 2.10 ワイヤレス SAW センサの基本構成と
インピーダンス負荷 SAW センサ

2.3 測定原理

図2.8（a）を例にして測定原理について説明する。基準信号源からの正弦波信号 F を時間 t の関数として

$$F(t)=A_0 e^{j\omega t} \tag{2.2}$$

と表す。ここで，A_0 は**振幅**（amplitude），ω は角周波数である。この信号がIDTでSAWに変換される。SAWデバイス上の測定対象物質との相互作用する領域，すなわち検出領域の伝搬方向の長さ（センシング長）を l とすると，参照用および検出用SAWセンサからの出力信号は

参照用SAWセンサ： $F_R(t)=A_0 e^{-\alpha_R l} e^{j(\omega t+\phi_R)}$ (2.3)

検出用SAWセンサ： $F_S(t)=A_0 e^{-\alpha_S l} e^{j(\omega t+\phi_S)}$ (2.4)

と表すことができる。ここで，α と ϕ は検出領域を通過することにより生じるSAWの**減衰**（attenuation）と**位相**（phase）を，添え字の R と S はそれぞれ参照用と検出用のSAWセンサ出力信号を表す。なお，式（2.3），（2.4）にはIDTによる変換損失は含まれていない。

式（2.3）と式（2.4）の比をとると

$$\frac{F_S(t)}{F_R(t)} = \frac{A_0 e^{-\alpha_S l} e^{j(\omega t+\phi_S)}}{A_0 e^{-\alpha_R l} e^{j(\omega t+\phi_R)}} = e^{-(\alpha_S-\alpha_R)l} e^{j(\phi_S-\phi_R)} \tag{2.5}$$

が得られる。式（2.1）では「差」として表現した。実際の測定では式（2.5）のように比をとることにより，参照用SAWセンサと検出用SAWセンサの「差」が得られる。式（2.5）右辺の「$e^{-(\alpha_S-\alpha_R)l}$」が**振幅変化**（amplitude change），「$\phi_S-\phi_R$」が**位相変化**（phase change）である。

振幅は基本的に電圧として検出する。そこで，式（2.5）の振幅変化に対応する項を，実際の測定電圧である A_R と A_S を考慮して書き直す。参照用および検出用SAWセンサの振幅を式（2.6），（2.7）で表す。

参照用SAWセンサ： $A_R=A_0 e^{-\alpha_R l}$ (2.6)

検出用SAWセンサ： $A_S=A_0 e^{-\alpha_S l}$ (2.7)

式 (2.5) のように考えると

$$\frac{A_S}{A_R} = \frac{A_0 e^{-\alpha_S l}}{A_0 e^{-\alpha_R l}} = e^{-(\alpha_S - \alpha_R) l} \tag{2.8}$$

となる。減衰変化を

$$\Delta\alpha = \alpha_S - \alpha_R \tag{2.9}$$

とすると

$$\Delta\alpha = -\frac{\ln(A_S/A_R)}{l} \tag{2.10}$$

または

$$\frac{\Delta\alpha}{k} = -\frac{\ln(A_S/A_R)}{kl} \tag{2.11}$$

となる。式 (2.10) より，振幅測定から**減衰変化** (attenuation change) が求められることがわかる。式 (2.10) を波数で規格化した式 (2.11) は，3章で述べる摂動法から得られる**波数で規格化した減衰変化** (attenuation change normalized by wave number) である。

位相差を

$$\Delta\phi = \phi_S - \phi_R \tag{2.12}$$

とすると

$$\Delta\phi = \frac{\omega l}{V + \Delta V} - \frac{\omega l}{V} = -\frac{\Delta V \omega l}{(V + \Delta V) V},$$

$$\therefore \quad \frac{\Delta\phi}{\phi} = -\frac{\Delta V}{V} \tag{2.13}$$

となる。ここで，V は基準状態の SAW の速度，ΔV はその変化分である。式 (2.13) の分母では ΔV が小さいとして無視している。このように位相変化から**速度変化** (velocity change) を求めることができる。

本節では，位相差法に対する測定原理について述べた。発振周波数法の場合には，式 (2.3)，(2.4) で位相を一定とし周波数が変化すると考えればよい。このとき

$$\frac{\Delta f}{f} = \frac{\Delta V}{V} \tag{2.14}$$

という関係が得られる。ただし，式（2.14）が成立するのは，IDT間距離をLとすると，$L=l$の場合である。$L \neq l$の場合

$$\frac{\Delta f}{f} = \frac{l}{L}\frac{\Delta V}{V} \qquad (2.15)$$

となる。例えば，IDT間の一部にのみ感応膜を設けたSAW化学センサや，IDT間に液体を保持するプールを設けたSAW液体センサの場合は，式（2.15）を使用しなければならない[5]。

2.4 共振子タイプと遅延線タイプ

SAWデバイスのセンサ応用では，共振子タイプと遅延線タイプどちらも広く利用されている。この二つのタイプの違いは，SAWと測定対象との相互作用長にある。共振子タイプの場合，波は反射電極間で多重反射する。このため，測定対象との相互作用長を長くすることができる。センサ出力は相互作用長に依存するので，変化量を大きくすることができる。しかし，相互作用長を厳密に求めることは困難である。一方，遅延線タイプの場合，測定対象と相互作用するのは1回であり，また相互作用長も既知である。

多くの共振子タイプでは，IDT上でSAWと測定対象が相互作用する。IDTはコンデンサ構造なので，測定対象に依存した容量変化も生じる。図2.11はガラスの上に電極幅20 μm，電極間隔20 μm，交さ幅2 mm，電極対数32で作成したIDT構造を用いた電解質および非電解質水溶液測定結果である。測定にはインピーダンスアナライザを利用した。図より水溶液の種類および濃度に依存した応答を示すことがわかる。電気化学の分野では，IDT構造は微小電極と呼ばれてインピーダンス測定に利用されている[10]。共振子タイプのようにIDTを直接測定に使う場合，センサ応答にはSAWの変化と同時にIDT構造に由来した変化も含まれる。このため測定値を検討するときは注意が必要である。

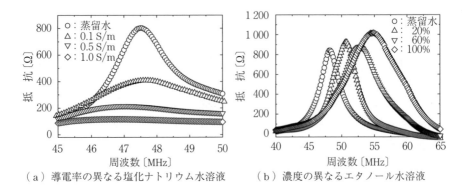

(a) 導電率の異なる塩化ナトリウム水溶液　　(b) 濃度の異なるエタノール水溶液

図 2.11　ガラス上に作成した IDT 構造を用いた電解質およひ非電解質水溶液測定結果

2.5　検　出　限　界

弾性波センサの**感度**（sensitivity）は周波数に依存する。4章で詳しく述べる質量負荷効果を検出原理とする弾性波センサの場合，センサ感度は周波数の2乗に比例するため，「高周波化」=「高感度化」とされている。しかし，実際のセンサ応用では検出限界の考慮も必要となる。一般的に，弾性波センサの**検出限界**（limit of detection：LoD）は，時間に対する変動の標準偏差の3倍とされている[5]。例えば，SAW センサの周波数応答の時間変動が**図 2.12** に示すように変動しているとする。このとき

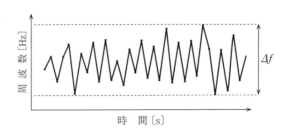

図 2.12　SAW センサの周波数応答の時間変動（模式図）

$$\frac{\Delta f}{f} = 3\,\text{ppm} \tag{2.16}$$

とすると，検出限界は 9 ppm となる．センサ出力の変動 (Δf) は**信号雑音比** (signal-noise ratio：SN 比) と関連する。図の縦軸を位相とする場合も同じように考えればよい。高信頼性を実現するには SN 比を高くする必要がある。弾性波センサの変動は周波数に比例することが知られている。つまり，周波数が高くなるほど変動が大きくなる。また，センサ出力は

$$\Delta f \propto l = n\lambda = \frac{nV}{f} \tag{2.17}$$

に示すように l に比例する。ここで，n は整数，λ は波長である。距離に比例することは周波数に反比例することになるので，高周波センサになるほど l は短くなる。例えば，$l = 100\lambda$，$V = 4\,000$ m/s とすると，$f = 10$ MHz では $l = 40$ mm，$f = 1$ GHz では $l = 0.4$ mm となる。測定対象（例えばバイオセンサ）によっては，センサ表面に測定対象認識用分子（抗体など）を固定化する必要がある。l が短くなることは，固定できる分子が少なくなるため，反応する数も少なくなる。しかし，l を長くすると伝搬減衰という問題も生じる。

これらのことを踏まえると，高周波化が必ずしも高感度化として適しているとはいえない。用途に応じた最適な周波数，およびセンサのサイズを決める必要がある。加えて，時間変動の小さい，つまり SN 比の高い弾性波センサが実現できれば，高信頼性のセンサとなる。時間変動はセンサだけなく，センサデバイスを含めた回路システム，すなわち測定システム全体にも依存する。弾性波センサシステムを設計する場合，用途に応じて周波数だけでなく時間的変動や伝搬距離についても考慮する必要がある。

引用・参考文献

1) W. R. Smith, H. M. Gerard, J. H. Collinws, T. M. Reeder, and H. J. Shaw：Analysis of Interdigital Surface Acoustic Wave Transducers by Use of an Equivalent Circuit model, IEEE Trans. MTT, **17**, pp. 856-864 (1969)

2) C. K. Campbell : Surface Acoustic Wave Devices for Mobile and Wireless Communication, Academic Press (1998)
3) 橋本研也：弾性表面波(SAW)デバイスシミュレーション技術入門, リアライズ社 (1997)
4) K. Yamanouchi and H. Furuyashiki : New low loss SAW filter using internal floating electrode reflection type of single phase unidirectional transducer, Elec. Lett., **20**, pp. 989-990 (1984)
5) J. Kondoh, T. Muramatsu, T. Nakanishi, Y. Matsui, and S. Shiokawa : Development of practical surface acoustic wave liquid sensing system and its application for measurement of Japanese tea, Sensors and Actuators B, **92**, pp. 191-198 (2003)
6) J. Reibal, S. Stier, A. Voigt, and M. Rapp : Influence of phase position on the performance of chemical sensors based on SAW device oscillators, Anal. Chem., **70**, pp. 5190-5197 (1998)
7) J. Kondoh, Y. Okiyama, S. Mikuni, Y. Matsui, M. Nara, T. Mori, and H. Yatsuda : Development of a Shear Horizontal Surface Acoustic Wave Sensor System for Liquids with a floating Electrode Unidirectional Transducer, Jpn. J. Appl. Phys., **47**, pp. 4065-4069 (2008)
8) L. Reindl, C. School, T. Ostertag, H. Scherr, U. Wolff, and F. Schmidt : Theory and Application of Passive SAW Radio Transponders as Sensors, IEEE Trans. UFFC, **45**, pp. 1281-1292 (1998)
9) M. Oishi, H. Hamashima, and J. Kondoh : Measurement of cantilever vibration using impedance-loaded surface acoustic wave sensor, Jpn. J. Appl. Phys., **55**, 07KD06 (2016)
10) 青木幸一，森田雅夫，堀内 勉，丹羽 修：微小電極を用いる電気化学測定法，コロナ社 (1998)

3 弾性表面波センサの解析法

3.1 数値解析法

SAW の数値解析法として Campbell と Jones により提案された手法が有名である[1]。また，山之内らは PSAW に対する解析法を提案している[2]。これらの解析方法については文献 3) にも詳しく記載されている。本書では，圧電体の SAW に関する記述は最小限にとどめる。かわりに，液体/圧電結晶構造での解析方法について詳しく説明する[4],[5]。

本書で利用する座標系を図 3.1 に示す。波の伝搬方向を x_1，平面波近似により波は x_2 方向に一様とする。$x_3<0$ の領域を圧電結晶，$x_3>0$ の領域を液体とする。圧電結晶の支配方程式は，運動方程式（3.1）と電束密度に関するガウスの法則の微分形の式（3.2）である。

$$\nabla \cdot T_I = \rho_I \ddot{u}_I \tag{3.1}$$

$$\nabla \cdot D_I = 0 \tag{3.2}$$

ここで，ρ_I は密度，$\ddot{u}_I$ は**粒子変位**（particle displacement）ベクトルの二階の時間微分，T_I は工学表示した**応力**（stress），D_I は**電束密度**（electric flux

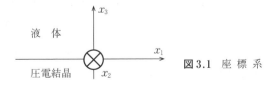

図3.1 座標系

density) ベクトルである。なお，添え字 I は圧電結晶を表す。粒子変位ベクトル，応力，電束密度をそれぞれ成分表示すると

$$\boldsymbol{u}_I = \begin{bmatrix} u_{I1} \\ u_{I2} \\ u_{I3} \end{bmatrix} \tag{3.3}$$

$$\boldsymbol{T}_I = \begin{bmatrix} T_{I1} \\ T_{I2} \\ T_{I3} \\ T_{I4} \\ T_{I5} \\ T_{I6} \end{bmatrix} \tag{3.4}$$

$$\boldsymbol{D}_I = \begin{bmatrix} D_{I1} \\ D_{I2} \\ D_{I3} \end{bmatrix} \tag{3.5}$$

となる。粒子変位と電束密度の添え字1～3は座標系の各方向に対応する。応力の添え字1～3は各座標軸方向の引張応力，添え字4～6はせん断応力である。式(3.1)の応力に対する微分演算子は

$$\nabla \cdot = \begin{bmatrix} \dfrac{\partial}{\partial x_1} & 0 & 0 & 0 & \dfrac{\partial}{\partial x_3} & \dfrac{\partial}{\partial x_2} \\ 0 & \dfrac{\partial}{\partial x_2} & 0 & \dfrac{\partial}{\partial x_3} & 0 & \dfrac{\partial}{\partial x_1} \\ 0 & 0 & \dfrac{\partial}{\partial x_3} & \dfrac{\partial}{\partial x_2} & \dfrac{\partial}{\partial x_1} & 0 \end{bmatrix} \tag{3.6}$$

である[6]。用いる圧電結晶の材料定数は，圧電基本式

$$\boldsymbol{T}_I = \boldsymbol{c}_I^E \boldsymbol{S}_I - \boldsymbol{e}_I \boldsymbol{E}_I = \boldsymbol{c}_I^E \nabla_S \boldsymbol{u}_I + \boldsymbol{e}_I \nabla \phi_I \tag{3.7}$$

$$\boldsymbol{D}_I = \boldsymbol{e}_I \boldsymbol{S}_I + \varepsilon_I^S \boldsymbol{E}_I = \boldsymbol{e}_I \nabla_S \boldsymbol{u}_I - \varepsilon_I^S \nabla \phi_I \tag{3.8}$$

に含まれる。ここで，$\boldsymbol{c}_I^E$ は電界一定時の**弾性スチフネス**（elastic stiffness），$\boldsymbol{e}_I$ は**圧電定数**（piezoelectric constant），ε_I^S はひずみ一定時の**誘電率**（dielectric constant），$\boldsymbol{S}_I$ は工学表示したひずみ，$\boldsymbol{E}_I$ は**電界**（electric field），ϕ_I は**静電ポテンシャル**（electrostatic potential）である。ひずみと粒子変位の間には，式(3.9)に示す関係が成立する。

$$S_I = \nabla_S u_I \tag{3.9}$$

ここで

$$\nabla_S = \begin{bmatrix} \dfrac{\partial}{\partial x_1} & 0 & 0 \\ 0 & \dfrac{\partial}{\partial x_2} & 0 \\ 0 & 0 & \dfrac{\partial}{\partial x_3} \\ 0 & \dfrac{\partial}{\partial x_3} & \dfrac{\partial}{\partial x_2} \\ \dfrac{\partial}{\partial x_3} & 0 & \dfrac{\partial}{\partial x_1} \\ \dfrac{\partial}{\partial x_2} & \dfrac{\partial}{\partial x_1} & 0 \end{bmatrix}$$

である[7]。粒子変位と静電ポテンシャルを

$$u_{Ii} = A_{Ii} \exp\left(-\Omega_I \frac{\omega}{V} x_3\right) \exp\left[j\omega\left(t - \frac{1}{V}x_1\right)\right] \quad (i=1, 2, 3),$$

$$\phi_I = A_{I4} \exp\left(-\Omega_I \frac{\omega}{V} x_3\right) \exp\left[j\omega\left(t - \frac{1}{V}x_1\right)\right] \tag{3.10}$$

と仮定する。ここで,A は振幅係数,Ω は x_3 方向の規格化減衰係数,ω は角周波数,V は SAW の伝搬速度,添え字 $i=1, 2, 3$ は x_1, x_2, x_3 方向を表し,$j=\sqrt{-1}$ である。また,静電ポテンシャルは便宜上,添え字「4」で表している。式 (3.7),(3.8) を式 (3.1),(3.2) に代入し,さらに式 (3.10) を用いると式 (3.11) に示す関係が得られる。

$$[F_{Iij}] \begin{bmatrix} A_{I1} \\ A_{I2} \\ A_{I3} \\ A_{I4} \end{bmatrix} = 0 \quad (i, j=1, 2, 3, 4) \tag{3.11}$$

ここで,F_{Iij} の各成分を以下に示す。

$$F_{I11} = c_{I55}{}^E \Omega_I{}^2 + j2c_{I15}{}^E \Omega_I - c_{I11}{}^E + \rho_I V^2,$$

$$F_{I12} = c_{I45}{}^E \Omega_I{}^2 + j(c_{I14}{}^E + c_{I56}{}^E)\Omega_I - c_{I16}{}^E,$$

$$F_{I13} = c_{I35}{}^E \Omega_I{}^2 + j(c_{I13}{}^E + c_{I55}{}^E)\Omega_I - c_{I15}{}^E,$$

$F_{I14} = e_{I35}\Omega_I{}^2 + j(e_{I15}+e_{I31})\Omega_I - e_{I11},$

$F_{I22} = c_{I44}{}^E\Omega_I{}^2 + j2c_{I46}{}^E\Omega_I - c_{I66}{}^E + \rho_I V^2,$

$F_{I23} = c_{I34}{}^E\Omega_I{}^2 + j(c_{I36}{}^E+c_{I45}{}^E)\Omega - c_{I65}{}^E,$

$F_{I24} = e_{I34}\Omega_I{}^2 + j(e_{I14}+e_{I36})\Omega_I - e_{I16},$

$F_{I33} = c_{I33}{}^E\Omega_I{}^2 + j2c_{I35}{}^E\Omega_I - c_{I55}{}^E + \rho_I V^2,$

$F_{I34} = e_{I33}\Omega_I{}^2 + j(e_{I13}+e_{I35})\Omega_I - e_{I15},$

$F_{I44} = -\varepsilon_{I33}{}^S\Omega_I{}^2 - j\varepsilon_{I13}{}^S\Omega_I + \varepsilon_{I11}{}^S,$

$F_{Iij} = F_{Iji} \quad (i \neq j)$

式 (3.11) が有意な解を持つには

$$\det(F_{Iij}) = 0 \qquad (3.12)$$

となる必要がある。式 (3.12) より, Ω_I に関する 8 次方程式が得られ, 8 個の Ω_I が求められる。これらの中で表面に集中するという条件である

$$\mathrm{Re}\left(\frac{\Omega_I}{V}\right) < 0 \qquad (3.13)$$

を満足する 4 個の解が, レイリー波に対する解となる。レイリー波の粒子変位および静電ポテンシャルは, これら四つの波の線形結合として

$$u_{Ii} = \sum_{n=1}^{4} A_I{}^{(n)} \gamma_{Ii}{}^{(n)} \exp\left(-\Omega_I{}^{(n)}\frac{\omega}{V}x_3\right) \exp\left[j\omega\left(t-\frac{1}{V}x_1\right)\right] \quad (i=1,2,3),$$

$$\phi_I = \sum_{n=1}^{4} A_I{}^{(n)} \gamma_{I4}{}^{(n)} \exp\left(-\Omega_I{}^{(n)}\frac{\omega}{V}x_3\right) \exp\left[j\omega\left(t-\frac{1}{V}x_1\right)\right] \qquad (3.14)$$

と表される。ここで, γ は振幅係数である。Ω_I の小さい順に, $\Omega_I{}^{(1)}$：遅い横波, $\Omega_I{}^{(2)}$：速い横波, $\Omega_I{}^{(3)}$：縦波, $\Omega_I{}^{(4)}$：静電波に対応している。式 (3.12) の解の選択において, $\Omega_I{}^{(1)}$ を $-x_3$ 方向に発散する解, つまり

$$\mathrm{Re}\left(\frac{\Omega_I{}^{(1)}}{V}\right) > 0 \qquad (3.15)$$

と入れ替えると PSAW となる。

つぎに液体について考える。液体（流体）の基本式としてナビエ・ストークスの式と連続の式が広く知られている。しかし, ここでは液体をニュートン流体とし, 早坂らに提案された等方体近似モデル[4]を用いて表す[5]。

$$T_{\text{liq}} = c_{\text{liq}} S_{\text{liq}} = \begin{bmatrix} \lambda_{\text{liq}}+2\mu_{\text{liq}} & \lambda_{\text{liq}} & \lambda_{\text{liq}} & 0 & 0 & 0 \\ \lambda_{\text{liq}} & \lambda_{\text{liq}}+2\mu_{\text{liq}} & \lambda_{\text{liq}} & 0 & 0 & 0 \\ \lambda_{\text{liq}} & \lambda_{\text{liq}} & \lambda_{\text{liq}}+2\mu_{\text{liq}} & 0 & 0 & 0 \\ 0 & 0 & 0 & \mu_{\text{liq}} & 0 & 0 \\ 0 & 0 & 0 & 0 & \mu_{\text{liq}} & 0 \\ 0 & 0 & 0 & 0 & 0 & \mu_{\text{liq}} \end{bmatrix} S_{\text{liq}}$$

(3.16)

ここで，λ_{liq} と μ_{liq} はラメ定数である．ラメ定数と液体の**体積弾性率**（bulk modulus）κ_{liq} と粘度 η_{liq} は式（3.17）で関係付けられる．

$$\lambda_{\text{liq}} = \kappa_{\text{liq}} - j\frac{2}{3}\omega\eta_{\text{liq}},$$

$$\mu_{\text{liq}} = j\omega\eta_{\text{liq}} \tag{3.17}$$

式（3.1）の運動方程式に式（3.16）を代入し，添え字を liq に変更すると

$$\rho_{\text{liq}} \ddot{u}_{\text{liq}} - \nabla \cdot c_{\text{liq}} \nabla_S u_{\text{liq}} = 0 \tag{3.18}$$

となる．ここで，$\nabla\cdot$ は式（3.6）に示す微分演算子である．粒子変位を

$$u_{\text{liq}i} = A_{\text{liq}i} \exp\left[-\Omega_{\text{liq}}\frac{\omega}{V}x_3\right] \exp\left[j\omega\left(t - \frac{1}{V}x_1\right)\right] \quad (i = 1, 2, 3)$$

(3.19)

と仮定すると

$$[F_{\text{liq}ij}] \begin{bmatrix} A_{\text{liq}1} \\ A_{\text{liq}2} \\ A_{\text{liq}3} \end{bmatrix} = 0 \quad (i, j = 1, 2, 3) \tag{3.20}$$

となる．式（3.19）が有意な解を持つためには

$$\det(F_{\text{liq}ij}) = 0 \tag{3.21}$$

とならなければならない．ここで，液体中に対する解を

$$\text{Im}\left(\frac{\Omega_{\text{liq}}}{V}\right) > 0 \tag{3.22}$$

となるように選択する[5]．その結果，液体中の粒子変位は

$$u_{\text{liq}1} = \sum_{n=1,3} A_{\text{liq}}^{(n)} \exp\left(-\Omega_{\text{liq}}^{(n)}\frac{\omega}{V}x_3\right) \exp\left[j\omega\left(t - \frac{1}{V}x_1\right)\right]$$

$$u_{\text{liq2}} = A_{\text{liq}}{}^{(2)} \exp\left(-\Omega_{\text{liq}}{}^{(2)} \frac{\omega}{V} x_3\right) \exp\left[j\omega\left(t - \frac{1}{V} x_1\right)\right]$$

$$u_{\text{liq3}} = \sum_{n=1,3} A_{\text{liq}}{}^{(n)} \gamma_{\text{liq3}}{}^{(n)} \exp\left(-\Omega_{\text{liq}}{}^{(n)} \frac{\omega}{V} x_3\right) \exp\left[j\omega\left(t - \frac{1}{V} x_1\right)\right] \quad (3.23)$$

となる.

式 (3.23) より, x_1 と x_3 方向の粒子変位は結合しているのに対し, x_2 方向の粒子変位は独立して存在することがわかる. ここで, 式 (3.23) 中の減衰定数と γ_{liq} は式 (3.23′) で与えられる.

$$\gamma_{\text{liq3}}{}^{(1)} = -\frac{1}{\Omega_{\text{liq}}{}^{(1)}}, \quad \gamma_{\text{liq3}}{}^{(3)} = j\Omega_{\text{liq}}{}^{(3)},$$

$$\Omega_{\text{liq}}{}^{(1)} = \Omega_{\text{liq}}{}^{(2)} = \sqrt{1 - \frac{\rho_{\text{liq}} V^2}{\mu_{\text{liq}}}}, \quad \Omega_{\text{liq}}{}^{(3)} = \sqrt{1 - \frac{\rho_{\text{liq}} V^2}{\lambda_{\text{liq}} + 2\mu_{\text{liq}}}} \quad (3.23')$$

液体は圧電性を持たないので, 粒子変位と静電ポテンシャルは互いに独立している. 静電ポテンシャルは電束密度に関する式 (3.24) から求められる.

$$\boldsymbol{D}_{\text{liq}} = \varepsilon_{\text{liq}} \boldsymbol{E}_{\text{liq}} = -\varepsilon_l \nabla \phi_{\text{liq}},$$

$$\nabla \cdot \boldsymbol{D}_{\text{liq}} = 0 \quad (3.24)$$

ここで ε_{liq} は**複素誘電率** (complex permittivity) である. $x_3 \to \infty$ において $\phi_{\text{liq}} = 0$ となる必要があるので, 液体中の静電ポテンシャルは

$$\phi_{\text{liq}} = A_{\text{liq}}{}^{(4)} \exp\left(-\frac{\omega}{V} x_3\right) \exp\left[j\omega\left(t - \frac{1}{V} x_1\right)\right] \quad (3.25)$$

となる.

圧電結晶, 液体それぞれの粒子変位, 静電ポテンシャルが得られたので, つぎに境界条件について考える. $x_3 = \infty$ における応力, 粒子変位に対する境界条件を式 (3.26) に示す.

$$T_{I3} = T_{\text{liq3}}, \quad T_{I4} = T_{\text{liq4}}, \quad T_{I5} = T_{\text{liq5}}, \quad u_{I1} = u_{\text{liq1}}, \quad u_{I2} = u_{\text{liq2}}, \quad u_{I3} = u_{\text{liq3}} \quad (3.26)$$

また, 電束密度と静電ポテンシャルの境界条件は, $x_3 = 0$ が電気的に開放または短絡によって異なり

開放の場合: $D_{I3} = D_{\text{liq3}}, \quad \phi_I = \phi_{\text{liq}},$

3.1 数値解析法

短絡の場合：$\phi_I = 0$ (3.27)

のようになる。

式 (3.26), (3.27) に粒子変位,静電ポテンシャルを代入して整理すると

$$[B_{ij}][A] = 0 \tag{3.28}$$

が得られる。境界条件行列 B_{ij} は 8×8 行列となる。式 (3.28) が有意な解を持つためには

$$\det(B_{ij}) = 0 \tag{3.29}$$

を満足しなければならない。

実際の数値解析では,SAW の伝搬速度 V と x_3 方向の規格化減衰係数 Ω が未知パラメータとなる。一般的に伝搬速度を初期値として与え,式 (3.29) を満足するかしないかで収束判定を行う。図 3.2 に,固液界面を伝搬する SAW の数値解析に関するフローチャートを示す。式 (3.29) を満足しない場合,伝搬速度の更新が必要となる。この更新にはニュートン法がよく利用されている。

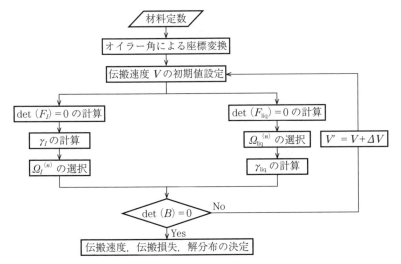

図 3.2 固液界面を伝搬する SAW の数値解析に関するフローチャート

3.2 摂動法の基礎

3.2.1 基本解の導出

Auld により提案された摂動法[8]は,弾性波センサだけでなく弾性波の分野で広く利用されている。摂動法に対する基本式は,**複素相反定理**（complex reciprocity relation）に準静的近似を適用することで得られる。

$$\nabla \cdot [-\boldsymbol{v}_2^* \cdot \boldsymbol{T}_1 - \boldsymbol{v}_1 \cdot \boldsymbol{T}_2^* + \phi_2^*(j\omega \boldsymbol{D}_1) + \phi_1(j\omega \boldsymbol{D}_2)^*] = 0 \qquad (3.30)$$

ここで,$\boldsymbol{v}$ は**粒子速度**（particle velocity）ベクトル,添え字の1と2は後ほど定義する**摂動解**（perturbed solution）と**非摂動解**（unperturbed solution）である。また,「＊」は共役複素数を示す。**図3.3**に摂動法で用いる座標系を示す。なお,応力は式（3.4）の工学表記ではなくテンソル表記とする。3.1節と同様に平面波近似をすると,式（3.30）は

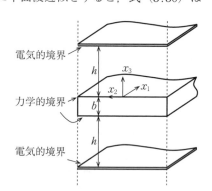

図3.3 摂動法で用いる座標系

$$\frac{\partial}{\partial x_1} \cdot [-\boldsymbol{v}_2^* \cdot \boldsymbol{T}_1 - \boldsymbol{v}_1 \cdot \boldsymbol{T}_2^* + \phi_2^*(j\omega \boldsymbol{D}_1) + \phi_1(j\omega \boldsymbol{D}_2)^*] \cdot \hat{\boldsymbol{x}}_1$$

$$= -\frac{\partial}{\partial x_3} \cdot [-\boldsymbol{v}_2^* \cdot \boldsymbol{T}_1 - \boldsymbol{v}_1 \cdot \boldsymbol{T}_2^* + \phi_2^*(j\omega \boldsymbol{D}_1) + \phi_1(j\omega \boldsymbol{D}_2)^*] \cdot \hat{\boldsymbol{x}}_3 \qquad (3.31)$$

となる。ここで,$\hat{\boldsymbol{x}}_1$ と $\hat{\boldsymbol{x}}_3$ はそれぞれ x_1 と x_3 方向の単位ベクトルである。式（3.31）を x_3 に関して $-b$ から 0 の範囲で積分する。

$$\int_{-b}^{0} \frac{\partial}{\partial x_1} \cdot [-\boldsymbol{v}_2^* \cdot \boldsymbol{T}_1 - \boldsymbol{v}_1 \cdot \boldsymbol{T}_2^* + \phi_2^*(j\omega \boldsymbol{D}_1) + \phi_1(j\omega \boldsymbol{D}_2)^*] \cdot \hat{\boldsymbol{x}}_1 dx_3$$

3.2 摂動法の基礎

$$= -[-\boldsymbol{v}_2{}^* \cdot \boldsymbol{T}_1 - \boldsymbol{v}_1 \cdot \boldsymbol{T}_2{}^* + \phi_2{}^*(j\omega \boldsymbol{D}_1) + \phi_1(j\omega \boldsymbol{D}_2)^*] \cdot \hat{\boldsymbol{x}}_3 \big|_{x_3=-b}^0 \tag{3.32}$$

つぎに解を仮定する。摂動解（「′」を付けて表す）と非摂動解をつぎのように表す。

$$\boldsymbol{v}_1 = \boldsymbol{v}'(x_3)e^{-j\beta' x_1}, \quad \boldsymbol{T}_1 = \boldsymbol{T}'(x_3)e^{-j\beta' x_1},$$
$$\phi_1 = \phi'(x_3)e^{-j\beta' x_1}, \quad \boldsymbol{D}_1 = \boldsymbol{D}'(x_3)e^{-j\beta' x_1} \tag{3.33}$$

$$\boldsymbol{v}_2 = \boldsymbol{v}(x_3)e^{-j\beta x_1}, \quad \boldsymbol{T}_2 = \boldsymbol{T}(x_3)e^{-j\beta x_1},$$
$$\phi_2 = \phi(x_3)e^{-j\beta x_1}, \quad \boldsymbol{D}_2 = \boldsymbol{D}(x_3)e^{-j\beta x_1} \tag{3.34}$$

複素伝搬定数（complex wave number）β は式（3.35）で定義される。

$$\beta = k - j\alpha \tag{3.35}$$

ここで，k は**波数**（wave number），α は減衰である。式（3.33）および式（3.34）を式（3.32）に代入すると，式（3.36）が得られる。

$$\Delta\beta = \beta' - \beta = \frac{-j[-\boldsymbol{v}^* \cdot \boldsymbol{T}' - \boldsymbol{v}' \cdot \boldsymbol{T}^* + \phi^*(j\omega \boldsymbol{D}') + \phi'(j\omega \boldsymbol{D})^*] \cdot \hat{\boldsymbol{x}}_3 \big|_{x_3=-b}^0}{\int_{-b}^0 [-\boldsymbol{v}^* \cdot \boldsymbol{T}' - \boldsymbol{v}' \cdot \boldsymbol{T}^* + \phi^*(j\omega \boldsymbol{D}') + \phi'(j\omega \boldsymbol{D})^*] \cdot \hat{\boldsymbol{x}}_1 dx_3}$$

$$\tag{3.36}$$

摂動は微小な変化である。このため，式（3.36）の分母は摂動を受けないと仮定し，摂動解をすべて非摂動解に置き換える。その結果，分母は式（3.37）のように表現することができる。

$$4P = 2\,\text{Re}\left\{\int_{-b}^0 [-\boldsymbol{v}^* \cdot \boldsymbol{T} + \phi(j\omega \boldsymbol{D})^*] \cdot \hat{\boldsymbol{x}}_1 dx_3\right\} \tag{3.37}$$

また，SAW を扱うので，式（3.36）の分子で $x_3 = -b$ は考える必要がない。この結果，式（3.36）は式（3.38）となる。

$$\Delta\beta = \frac{-j[-\boldsymbol{v}^* \cdot \boldsymbol{T}' - \boldsymbol{v}' \cdot \boldsymbol{T}^* + \phi^*(j\omega \boldsymbol{D}') + \phi'(j\omega \boldsymbol{D})^*] \cdot \hat{\boldsymbol{x}}_3 \big|_{x_3=0}}{4P} \tag{3.38}$$

式（3.38）より，右辺分子の第1項と第2項が粒子速度と応力，第3項と第4項が静電ポテンシャルと電束密度で表されていることがわかる。つまり，前者が機械的な項，後者が電気的な項であり，それぞれ**機械的摂動**（mechanical perturbation），**電気的摂動**（electrical perturbation）と呼ばれている。機械的

摂動と電気的摂動は和で表されているので分けて考えてもかまわない。図3.3の電気的境界面（短絡状態）が $h=0$ にある場合，静電ポテンシャルは0となるので右辺の第1項と第2項のみ，つまり機械的摂動のみ考えればよい。一方，電気的境界面が $h=\infty$ の場合，機械的摂動と電気的摂動両方を考慮しなければならない。

3.2.2 機械的摂動に対する基本解

機械的摂動に対する基本解は式（3.38）より

$$\Delta\beta = \frac{-j(-\boldsymbol{v}^*\cdot\boldsymbol{T}'-\boldsymbol{v}'\cdot\boldsymbol{T}^*)\cdot\hat{\boldsymbol{x}}_3|_{x_3=0}}{4P} \tag{3.39}$$

となる。さらに，1次の摂動では粒子速度は摂動を受けないと仮定するため

$$\Delta\beta = \frac{-j(-\boldsymbol{v}^*\cdot\boldsymbol{T}'-\boldsymbol{v}\cdot\boldsymbol{T}^*)\cdot\hat{\boldsymbol{x}}_3|_{x_3=0}}{4P} \tag{3.40}$$

となる。$x_3>0$ が空気の場合，$x_3=0$ における境界条件は応力フリーである。この結果，$\boldsymbol{T}^*\cdot\hat{\boldsymbol{x}}_3=0$ となるので

$$\Delta\beta = \frac{-j(-\boldsymbol{v}^*\cdot\boldsymbol{T}')\cdot\hat{\boldsymbol{x}}_3|_{x_3=0}}{4P} \tag{3.41}$$

と書くことができる。式（3.41）を**表面音響インピーダンス**（surface acoustic impedance）$\boldsymbol{Z}_A$ を用いて表す。表面音響インピーダンスと応力の関係は

$$-\boldsymbol{T}\cdot\hat{\boldsymbol{x}}_3|_{x_3=0} = \boldsymbol{Z}_A\cdot\boldsymbol{v} \tag{3.42}$$

なので，式（3.41）に代入すると

$$\Delta\beta = \frac{-j(\boldsymbol{v}^*\cdot\boldsymbol{Z}_A'\cdot\boldsymbol{v})}{4P} \tag{3.43}$$

となる。$x_3>0$ が液体の場合，$x_3=0$ における境界条件は応力（$\boldsymbol{T}\cdot\hat{\boldsymbol{x}}_3$）と粒子変位の連続である。このため，非摂動状態を0とすることはできない。$x_3>0$ が基準状態（摂動前）のときは空気，摂動後は液体とすると，境界条件が応力フリーから応力連続へと変化する。このような境界条件の違いは摂動の範ちゅうを超えている。粒子速度は摂動しないという1次の摂動を適用すると，$x_3>0$

が液体の場合の機械的摂動に対する基本式は式 (3.40) となる。表面音響インピーダンス Z_{Aliq} を用いて表現すると

$$\Delta\beta = \frac{-j(\boldsymbol{v}^* \cdot \boldsymbol{Z}_{Aliq}{}' \cdot \boldsymbol{v} + \boldsymbol{v} \cdot \boldsymbol{Z}_{Aliq}{}^* \cdot \boldsymbol{v}^*)}{4P} \qquad (3.44)$$

となる。

3.2.3 電気的摂動に対する基本解

電気的摂動に対する境界条件は，$x_3 > 0$ の媒質によらず，電束密度の法線成分の連続である。このため

$$\Delta\beta = \frac{-j[\phi^*(j\omega\boldsymbol{D}') + \phi'(j\omega\boldsymbol{D})^*] \cdot \widehat{\boldsymbol{x}}_3|_{x_3=0}}{4P} \qquad (3.45)$$

が電気的摂動の基本解となる。

3.3 速度変化および波数で規格化した減衰変化

摂動法では，複素伝搬定数の変化が得られる。式 (3.35) を用いて $\Delta\beta$ を求めると

$$\Delta\beta = \beta' - \beta = (k' - j\alpha') - (k - j\alpha) = \Delta k - j\Delta\alpha \qquad (3.46)$$

となる。波数 k を角周波数 ω と SAW の伝搬速度 V で表すと

$$k = \frac{\omega}{V},$$

$$\therefore \quad \Delta k = \frac{\omega}{V'} - \frac{\omega}{V} = \frac{\omega}{V + \Delta V} - \frac{\omega}{V} = -\frac{\omega \Delta V}{V(V + \Delta V)} \approx -k\frac{\Delta V}{V} \qquad (3.47)$$

となる。ここで，摂動により影響を受けるのは伝搬速度で，角周波数は一定と仮定している。また，伝搬速度変化 ΔV は微小と仮定し，分母の変化分を無視した。式 (3.46) に式 (3.47) を代入して整理すると

$$\frac{\Delta\beta}{k} = -\frac{\Delta V}{V} - j\frac{\Delta\alpha}{k} \qquad (3.48)$$

が得られる。つまり，式 (3.43)～(3.45) を波数で規格化したとき，実部が速

度変化，虚部が波数で規格化した減衰変化に相当する。例として機械的摂動に適用する。$x_3>0$ が液体の場合，速度変化と波数で規格化した減衰変化を表面音響インピーダンスで表すと，式 (3.49)，(3.50) のようになる。

$$\frac{\Delta V}{V}=-\mathrm{Re}\left(\frac{\Delta \beta}{k}\right)=-\frac{V}{4\omega P}(\boldsymbol{v}^*\cdot\mathrm{Im}\{\boldsymbol{Z}_{A\mathrm{liq}}{}'\}\cdot\boldsymbol{v}-\boldsymbol{v}\cdot\mathrm{Im}\{\boldsymbol{Z}_{A\mathrm{liq}}{}^*\}\cdot\boldsymbol{v}^*)$$

(3.49)

$$\frac{\Delta \alpha}{k}=-\mathrm{Im}\left(\frac{\Delta \beta}{k}\right)=\frac{V}{4\omega P}(\boldsymbol{v}^*\cdot\mathrm{Re}\{\boldsymbol{Z}_{A\mathrm{liq}}{}'\}\cdot\boldsymbol{v}+\boldsymbol{v}\cdot\mathrm{Re}\{\boldsymbol{Z}_{A\mathrm{liq}}{}^*\}\cdot\boldsymbol{v}^*)$$

(3.50)

ここで，Re と Im は実部と虚部を表している。2章で述べたように，測定値から式 (2.11) と式 (2.13) を利用して速度変化 ($\Delta V/V$) と波数で規格化した減衰変化 ($\Delta \alpha/k$) を求めると，摂動解と比較可能になる。

引用・参考文献

1) J. J. Campbell and E. R. Jones : Method for estimating optimal crystal cuts and propagation directions for excitation of piezoelectric surface waves, IEEE Trans., Sonics and Ultrason., SU-**15**, pp. 209-217 (1968)
2) K. Yamanouchi and K. Shibayama : Propagation and amplification of Rayleigh waves and piezoelectric leaky surface waves in LiNbO$_3$, J. Appl. Phys., **43**, pp. 856-862 (1972)
3) 日本学術振興会弾性波素子技術第150委員会編：弾性波素子技術ハンドブック，オーム社 (1991)
4) 早坂寿雄，吉川昭吉郎：音響振動論，4章，丸善 (1974)
5) 海野義博：漏れ弾性表面波を用いた計測系の研究，東京工業大学修士論文 (1986)
6) B. A. Auld : Acoustic fields and waves in solids 2nd ed., vol. I, p. 51, Krieger Pub. (1990)
7) B. A. Auld : Acoustic fields and waves in solids 2nd ed., vol. I, p. 29, Krieger Pub. (1990)
8) B. A. Auld : Acoustic fields and waves in solids 2nd ed., vol. II, Chap. 12, Krieger Pub. (1990)

4 機械的摂動

4.1 空気中での質量負荷効果

SAW 伝搬面に物質が吸着することによる**質量負荷効果**（mass loading effect）は，弾性波センサの基本的な検出原理である。最初に $x_3>0$ が空気で，SAW 伝搬面上に厚さ h の**等方性薄膜**（isotropic thin layer）を装荷した場合について考える（**図 4.1**）。

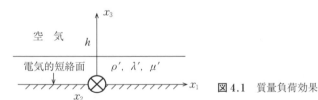

図 4.1 質量負荷効果

質量負荷に対する摂動解を導出するうえで重要なことは，装荷された膜内の粒子変位が変化しないと仮定することである。この仮定は，3.2.2 項で 1 次の摂動を適用していることに起因する。表面音響インピーダンスは応力と粒子速度で表される。空気中における質量負荷効果に対する表面音響インピーダンス Z_{Amass}' は Auld によって求められている（式 (4.1)）[1]。

$$Z_{Amass}' = j\omega h \begin{bmatrix} \rho' - \dfrac{1}{V^2}\dfrac{4\mu'(\lambda'+\mu')}{\lambda'+2\mu'} & 0 & 0 \\ 0 & \rho' - \dfrac{\mu'}{V^2} & 0 \\ 0 & 0 & \rho' \end{bmatrix} \quad (4.1)$$

ここで，ρ'，λ'，μ' は，それぞれ装荷された膜の密度とラメ定数で，V は非摂動時の SAW の伝搬速度である。式 (4.1) を式 (3.43) に代入することにより

$$\varDelta\beta=\frac{\omega h}{4P}\left\{\left[\rho'-\frac{1}{V^2}\frac{4\mu'(\lambda'+\mu')}{\lambda'+2\mu'}\right]v_1^2+\left(\rho'-\frac{\mu'}{V^2}\right)v_2^2+\rho'v_3^2\right\} \quad (4.2)$$

が得られる。式 (4.2) と式 (3.48) を比べることにより，速度変化と波数で規格化した減衰変化を求めることができる。SAW と SH-SAW に分けて書くと式 (4.3)，(4.4) のようになる。

SAW：

$$\frac{\varDelta V}{V}=-\frac{Vh}{4P}\left\{\left[\rho'-\frac{1}{V^2}\frac{4\mu'(\lambda'+\mu')}{\lambda'+2\mu'}\right]v_1^2+\rho'v_3^2\right\}, \quad \frac{\varDelta\alpha}{k}=0 \quad (4.3)$$

SH-SAW：

$$\frac{\varDelta V}{V}=-\frac{Vh}{4P}\left(\rho'-\frac{\mu'}{V^2}\right)v_2^2, \quad \frac{\varDelta\alpha}{k}=0 \quad (4.4)$$

式 (4.3)，(4.4) からわかるように，等方性薄膜が装荷された場合，速度のみが変化し減衰変化は生じない。つまり，SAW の振幅変化は生じない。見方を変えると，振幅が変化しない場合のみ，質量負荷効果に対する式 (4.3) または式 (4.4) は適用可能といえる。式 (4.3)，(4.4) 中の v_i^2/P は，「(用いる圧電結晶により決まる定数)×(角周波数)」で表現される。つまり，速度変化は周波数に比例することがわかる。なお，SH-SAW に関する係数は文献2)に記載されている。周波数変化として検知する場合，式 (2.14) または式 (2.15) を利用すれば，質量負荷効果に対する周波数変化 ($\varDelta f$) は，用いる弾性波センサの中心周波数の2乗に比例するという，よく知られている関係式を得ることができる。

電気的短絡な 36YX-LiTaO$_3$ 表面に SiO$_2$ (石英) を装荷した場合を例に，導出した摂動解の有効性を摂動解と数値解析の比較により検証する。図 4.2 は SH-SAW センサの周波数を 50 MHz，波長 80 μm とした場合の解析結果である。膜が薄い場合 (図 (a))，摂動解と数値解析解はよく一致する。しかし，膜厚が大きくなると両者の差は大きくなる (図 (b))。このため，質量負荷効

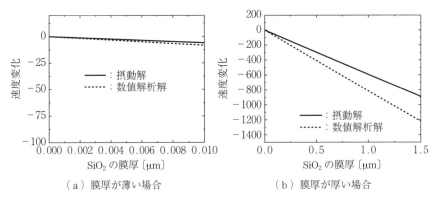

図4.2 SH-SAW センサの周波数を 50 MHz, 波長 80 μm とした場合の解析結果

果に対する摂動解が利用できるのは，波長に比べて十分薄い膜に対してである．

4.2 ニュートン流体に対する機械的摂動

SH-SAW など横波型の弾性波センサの利点は，液体測定に応用できることである．流体は**ニュートン流体**（Newtonian fluid）と**非ニュートン流体**（non-Newtonian fluid）の二つに大別される[3]．本節では液体をニュートン流体に限定する．3章の数値解析で考慮している液体の物性値の中で，機械的摂動に関係するのは体積弾性率，密度，粘度である．液体に対する摂動解を求める前に，これらのうち，どのパラメータが弾性波に最も影響するかについて $36YX$-$LiTaO_3$ を伝搬する SH-SAW を例にして検討する．**表4.1** に水およびグリセリンの体積弾性率，密度，粘度を示す[4]．これらの値を用いて数値解析を行った結果を**図4.3**に示す．●は水またはグリセリンに対する計算値である．水の各物性値からどれか一つのみグリセリンの物性値と置き換えた場合の

表4.1 水およびグリセリンの体積弾性率，密度，粘度

	体積弾性率 [Pa]	密 度 [kg/m³]	粘 度 [mPa·s]
水	$2.24×10^9$	$9.998\,21×10^2$	1.002
グリセリン	$4.28×10^9$	$1.261\,10×10^3$	780.458

4. 機械的摂動

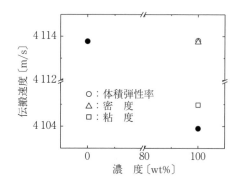

●：水またはグリセリンに対する伝搬速度，○：体積弾性率のみ変えた場合，△：密度のみ変えた場合，□：粘度を変えた場合（$f=50$ MHz）。

図 4.3 表 4.1 に示す数値を用いた数値解析の結果

計算結果を○（体積弾性率），△（密度），□（粘度）で示す。体積弾性率や密度のみを変えた場合，伝搬速度は水とほとんど変わらない。一方，粘度のみを変えると，グリセリンの伝搬速度に近づく。このことより，SH-SAW は主として液体の粘度の影響を受けることがわかる。

つぎに，粘度の影響を SH 方向の粒子変位分布から考える。式 (1.3) に示したように，SH 方向の振動に対しては粘性侵入度が定義される。図 4.4（a）は，水/36YX-LiTaO$_3$ 界面の SH 方向の変位分布である。SH-SAW が結晶表面にエネルギーを集中していることがわかる。図（a）では液体中（$x_3>0$）の粒子変位がわからないため，液体中の領域のみ図（b）のように拡大した。な

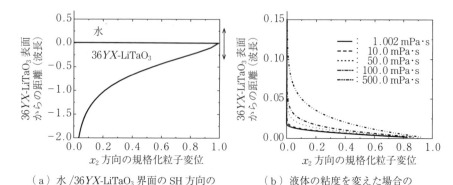

（a）水/36YX-LiTaO$_3$ 界面の SH 方向の変位分布（$\eta_{\mathrm{liq}}=1.002$ mPa·s）

（b）液体の粘度を変えた場合の液体中の SH 方向変位分布

図 4.4 水/36YX-LiTaO$_3$ 界面の SH 方向の変位分布

お，液体の粘度のみを変えた粒子変位分布も併せて示す。粘度の増加により，液体中への SH 振動の浸み出しが大きくなる。変位の浸み出し成分の値が表面の変位の $1/e$ となる距離は，式 (1.3) の粘性侵入度と一致する。

つぎに摂動法を用いて液体に対する摂動解を導出する。3 章で説明した応力とひずみの関係式 (3.16)，および液体中の粒子変位式 (3.23) を利用して液体に対する表面音響インピーダンスを導出する。ただし，液体中での変位を x_1，x_2 方向に横波，x_3 方向に縦波とすると，式 (3.23) は式 (4.5) のようになる。

$$u_{\mathrm{liq}1} = A_{\mathrm{liq}}^{(1)} \exp\left(-\Omega_{\mathrm{liq}}^{(1)} \frac{\omega}{V} x_3\right) \exp\left[j\omega\left(t - \frac{1}{V} x_1\right)\right],$$

$$u_{\mathrm{liq}2} = A_{\mathrm{liq}}^{(2)} \exp\left(-\Omega_{\mathrm{liq}}^{(2)} \frac{\omega}{V} x_3\right) \exp\left[j\omega\left(t - \frac{1}{V} x_1\right)\right],$$

$$u_{\mathrm{liq}3} = A_{\mathrm{liq}}^{(3)} \gamma_{\mathrm{liq}3}^{(3)} \exp\left(-\Omega_{\mathrm{liq}}^{(3)} \frac{\omega}{V} x_3\right) \exp\left[j\omega\left(t - \frac{1}{V} x_1\right)\right] \quad (4.5)$$

この結果，液体に対する表面音響インピーダンスは式 (4.6) となる。

$$\boldsymbol{Z}_{A\mathrm{liq}} = \begin{bmatrix} -j\dfrac{\mu_{\mathrm{liq}}}{V}\Omega_1 & 0 & \dfrac{\mu_{\mathrm{liq}}}{V} \\ 0 & -j\dfrac{\mu_{\mathrm{liq}}}{V}\Omega_2 & 0 \\ \dfrac{\lambda_{\mathrm{liq}}}{V} & 0 & -j\dfrac{(\lambda_{\mathrm{liq}} + 2\mu_{\mathrm{liq}})}{V}\Omega_3 \end{bmatrix} \quad (4.6)$$

式 (3.23′) を代入すると

$$\boldsymbol{Z}_{A\mathrm{liq}} =$$

$$\begin{bmatrix} \dfrac{\omega\eta_{\mathrm{liq}}}{V}\sqrt{1 - \dfrac{\rho_{\mathrm{liq}} V^2}{j\omega\eta_{\mathrm{liq}}}} & 0 & \dfrac{j\omega\eta_{\mathrm{liq}}}{V} \\ 0 & \dfrac{\omega\eta_{\mathrm{liq}}}{V}\sqrt{1 - \dfrac{\rho_{\mathrm{liq}} V^2}{j\omega\eta_{\mathrm{liq}}}} & 0 \\ \dfrac{\kappa_{\mathrm{liq}} - (2/3) j\omega\eta_{\mathrm{liq}}}{V} & 0 & -j\dfrac{\kappa_{\mathrm{liq}} + (4/3) j\omega\eta_{\mathrm{liq}}}{V}\sqrt{1 - \dfrac{\rho_{\mathrm{liq}} V^2}{\kappa_{\mathrm{liq}} + (4/3) j\omega\eta_{\mathrm{liq}}}} \end{bmatrix}$$

となる。式 (4.6) を実部と虚部に分けると

$$\boldsymbol{Z}_{A\mathrm{liq}} = \mathrm{Re}\{\boldsymbol{Z}_{A\mathrm{liq}}\} + j[\mathrm{Im}\{\boldsymbol{Z}_{A\mathrm{liq}}\}]$$

$$= \begin{bmatrix} \mathrm{Re}\{Z_{11}\} & 0 & 0 \\ 0 & \mathrm{Re}\{Z_{22}\} & 0 \\ \mathrm{Re}\{Z_{31}\} & 0 & \mathrm{Re}\{Z_{33}\} \end{bmatrix} + j \begin{bmatrix} \mathrm{Im}\{Z_{11}\} & 0 & \mathrm{Im}\{Z_{13}\} \\ 0 & \mathrm{Im}\{Z_{22}\} & 0 \\ \mathrm{Im}\{Z_{31}\} & 0 & \mathrm{Im}\{Z_{33}\} \end{bmatrix}$$

(4.7)

となる。ここで，各要素は下式に示すとおりである。ただし，計算過程で $\mathrm{Re}(V) \gg \mathrm{Im}(V)$ とした。

$$\mathrm{Re}\{Z_{11}\} = \mathrm{Re}\{Z_{22}\} = \sqrt{\omega\eta_{\mathrm{liq}}} \left[\left(\frac{\omega\eta_{\mathrm{liq}}}{V^2}\right)^2 + \rho_{\mathrm{liq}}^2\right]^{1/4} \cos\left[\frac{1}{2}\tan^{-1}\left(\frac{\rho_{\mathrm{liq}}V^2}{\omega\eta_{\mathrm{liq}}}\right)\right]$$

$$\mathrm{Im}\{Z_{11}\} = \mathrm{Im}\{Z_{22}\} = \sqrt{\omega\eta_{\mathrm{liq}}} \left[\left(\frac{\omega\eta_{\mathrm{liq}}}{V^2}\right)^2 + \rho_{\mathrm{liq}}^2\right]^{1/4} \sin\left[\frac{1}{2}\tan^{-1}\left(\frac{\rho_{\mathrm{liq}}V^2}{\omega\eta_{\mathrm{liq}}}\right)\right]$$

$$\mathrm{Im}\{Z_{13}\} = \frac{\omega\eta_{\mathrm{liq}}}{V}$$

$$\mathrm{Re}\{Z_{31}\} = \frac{\kappa_{\mathrm{liq}}}{V}$$

$$\mathrm{Im}\{Z_{31}\} = -\frac{(2/3)\omega\eta_{\mathrm{liq}}}{V}$$

$$\mathrm{Re}\{Z_{33}\} = \frac{1}{V}\left\{\left[\rho_{\mathrm{liq}}\kappa_{\mathrm{liq}}V^2 + \left(\frac{4}{3}\omega\eta_{\mathrm{liq}}\right)^2 - \kappa_{\mathrm{liq}}^2\right]^2 + \left[\frac{4}{3}\omega\eta_{\mathrm{liq}}(\rho_{\mathrm{liq}}V^2 - 2\kappa_{\mathrm{liq}})\right]^2\right\}^{1/4}$$
$$\times \cos\left(\frac{1}{2}\tan^{-1}\left\{\frac{(4/3)\omega\eta_{\mathrm{liq}}(\rho_{\mathrm{liq}}V^2 - 2\kappa_{\mathrm{liq}})}{\rho_{\mathrm{liq}}\kappa_{\mathrm{liq}}V^2 + [(4/3)\omega\eta_{\mathrm{liq}}]^2 - \kappa_{\mathrm{liq}}^2}\right\}\right)$$

$$\mathrm{Im}\{Z_{33}\} = \frac{1}{V}\left\{\left[\rho_{\mathrm{liq}}\kappa_{\mathrm{liq}}V^2 + \left(\frac{4}{3}\omega\eta_{\mathrm{liq}}\right)^2 - \kappa_{\mathrm{liq}}^2\right]^2 + \left[\frac{4}{3}\omega\eta_{\mathrm{liq}}(\rho_{\mathrm{liq}}V^2 - 2\kappa_{\mathrm{liq}})\right]^2\right\}^{1/4}$$
$$\times \sin\left(\frac{1}{2}\tan^{-1}\left\{\frac{(4/3)\omega\eta_{\mathrm{liq}}(\rho_{\mathrm{liq}}V^2 - 2\kappa_{\mathrm{liq}})}{\rho_{\mathrm{liq}}\kappa_{\mathrm{liq}}V^2 + [(4/3)\omega\eta_{\mathrm{liq}}]^2 - \kappa_{\mathrm{liq}}^2}\right\}\right)$$

式 (4.7) を式 (3.49)，(3.50) に代入する。液体の物性値などにより簡単化すると，式 (4.8) に示す速度変化と波数で規格化した減衰変化が得られる。

$$\frac{\Delta V}{V} = -\frac{V}{4\omega P}\left\{\sqrt{\frac{\omega\rho_{\mathrm{liq}}'\eta_{\mathrm{liq}}'}{2}}(v_1^2 + v_2^2) + \frac{\omega\eta_{\mathrm{liq}}'}{3V}v_1 v_3 + \sqrt{\kappa_{\mathrm{liq}}'\rho_{\mathrm{liq}}' - \frac{\kappa_{\mathrm{liq}}'}{V^2}}\,v_3^2\right.$$
$$\left. - \left[\sqrt{\frac{\omega\rho_{\mathrm{liq}}\eta_{\mathrm{liq}}}{2}}(v_1^2 + v_2^2) + \frac{\omega\eta_{\mathrm{liq}}}{3V}v_1 v_3 + \sqrt{\kappa_{\mathrm{liq}}\rho_{\mathrm{liq}} - \frac{\kappa_{\mathrm{liq}}}{V^2}}\,v_3^2\right]\right\},$$

$$\frac{\Delta\alpha}{k} = \frac{V}{4\omega P}\left\{\sqrt{\frac{\omega\rho_{\mathrm{liq}}'\eta_{\mathrm{liq}}'}{2}}(v_1^2 + v_2^2) + \frac{\kappa_{\mathrm{liq}}'}{V}v_1 v_3 + \sqrt{\kappa_{\mathrm{liq}}'\rho_{\mathrm{liq}}' - \frac{\kappa_{\mathrm{liq}}'}{V^2}}\,v_3^2\right.$$

4.2 ニュートン流体に対する機械的摂動

$$+ \left[\sqrt{\frac{\omega \rho_{\text{liq}} \eta_{\text{liq}}}{2}} (v_1{}^2 + v_2{}^2) + \frac{\kappa_{\text{liq}}}{V} v_1 v_3 + \sqrt{\kappa_{\text{liq}} \rho_{\text{liq}} - \frac{\kappa_{\text{liq}}}{V^2}} \; v_3{}^2 \right] \Bigg\}$$

(4.8)

SH-SAW を対象とするので，式 (4.8) はさらに簡単化でき

$$\frac{\Delta V}{V} = -\frac{v_2{}^2 V}{4 \omega P} \left(\sqrt{\frac{\omega \rho_{\text{liq}}' \eta_{\text{liq}}'}{2}} - \sqrt{\frac{\omega \rho_{\text{liq}} \eta_{\text{liq}}}{2}} \right),$$

$$\frac{\Delta \alpha}{k} = \frac{v_2{}^2 V}{4 \omega P} \left(\sqrt{\frac{\omega \rho_{\text{liq}}' \eta_{\text{liq}}'}{2}} + \sqrt{\frac{\omega \rho_{\text{liq}} \eta_{\text{liq}}}{2}} \right)$$

(4.9)

となる．波数で規格化した減衰変化は，基準液体の減衰に試料液体の減衰が加わる．一方，測定で得られる波数で規格化した減衰変化は，振幅変化から式 (2.11) を用いて計算される．2.3節より，基準液体負荷時には $A_S = A_R$ となるので，$\Delta \alpha / k = 0$ となる．この測定値と比較する場合

$$\frac{\Delta V}{V} = -\frac{v_2{}^2 V}{4 \omega P} \left(\sqrt{\frac{\omega \rho_{\text{liq}}' \eta_{\text{liq}}'}{2}} - \sqrt{\frac{\omega \rho_{\text{liq}} \eta_{\text{liq}}}{2}} \right),$$

$$\frac{\Delta \alpha}{k} = \frac{v_2{}^2 V}{4 \omega P} \sqrt{\frac{\omega \rho_{\text{liq}}' \eta_{\text{liq}}'}{2}}$$

(4.10)

を利用する必要がある．Kanazawa-Gordon の式と同様に，摂動解は液体の密度と粘度の積で表される．一般に利用されている液体の物性値は密度，粘度，または動粘度（＝粘度/密度）である．この密度と粘度の積は，SH-SAW や水晶振動子など SH 方向に振動する場合に対する理論式で現れるパラメータである．SH-SAW センサなど弾性波センサによるニュートン流体の測定値と，ほかの粘度計や動粘度計と比較する場合には注意が必要である．

式 (4.10) と数値解析の比較を，水の物性値から粘度のみ変化させて行う．対象を 36YX-LiTaO$_3$ を伝搬する SH-SAW とし，その周波数を 50 MHz とする．**図 4.5** より，低粘度領域では摂動解と厳密解はよく一致する．しかし，濃度が増加すると，両者の差が広くなる．このことは，摂動法の適用限界が存在することを示唆している．

36YX-LiTaO$_3$ を用いて作成した SH-SAW センサを用い，グリセリン水溶液を試料として測定を行った．測定システムを**図 4.6** に示す．これは図 2.8

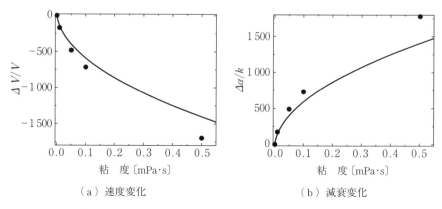

図 4.5　粘度に対する（a）速度変化と，（b）波数で規格化した減衰変化の数値解析解（●），および摂動解（式（4.10））の比較

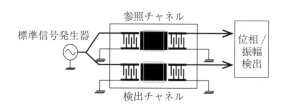

図 4.6　SH-SAW センサを用いたグリセリン水溶液測定システム

（a）で示した位相差法である。SH-SAW センサの周波数を 30，50，100 MHz として周波数依存性に関しても確認した。

図 4.7 に，グリセリン水溶液を用いた測定値と摂動解の比較結果を示す。周波数が 30 MHz のとき，測定値は摂動解とよく一致することがわかる。しかし，周波数または粘度密度積の平方根の上昇に伴い，測定値は摂動解と一致しなくなる。図 4.5 も考慮すると，測定値の絶対値が摂動解の絶対値よりも大きくなる傾向は，図 4.5 の数値解析解と摂動解と同じである。このことは，数値解析解のほうが測定値をより正確に説明できることを示している。また，高周波になるほどセンサ応答と摂動解が一致しなくなることより，ニュートン流体モデルの適用限界も考えなければならない（4.5 節参照）。

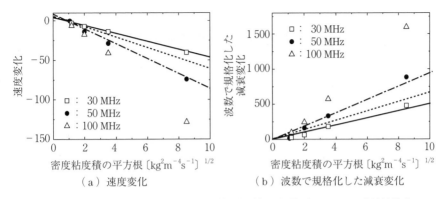

図 4.7 グリセリン水溶液を用いた測定値と摂動解の比較（グリセリン水溶液濃度に対する（a）速度変化，および（b）波数で規格化した減衰変化）

グリセリンの温度を変えた測定も行われている。測定には $36YX\text{-}LiTaO_3$ に作成された 50 MHz の SH-SAW センサが用いられた。基準液体は同じ温度の水とし，式（4.10）の速度変化に粘度以外の測定温度における文献値を代入することにより速度変化から粘度が求められた。**図 4.8** は，グリセリンの温度を変えた場合の粘度の測定値と文献値の比較である。試料温度が 30℃ 以上の場合，測定値は文献値とよく一致する。しかし，温度が 30℃ 未満になると測定値と文献値は大きく異なる。この結果は，50 MHz の SH-SAW センサに対し，グリセリンは 30℃ を境にモデルが異なることを意味している。つまり，30℃ 以上ではニュートン流体として扱えるのに対し，30℃ 未満では非ニュートン流体として扱わなければならない。

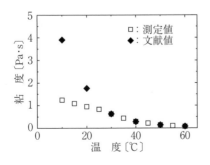

図 4.8 グリセリンの温度を変えた場合の測定値と文献値の比較

4.3 液体中での質量負荷効果

液体中でSH-SAWセンサ上に厚さ h の薄膜が装荷された場合について考える。薄膜負荷前後で液体の物性値は変化しないと仮定すると，導出仮定は4.1節の空気中における質量負荷効果とほぼ同様である。違いは負荷膜表面 ($x_3=h$) での境界条件が応力フリーから

$$\begin{aligned}
\boldsymbol{T}^{(0)}\cdot\hat{\boldsymbol{x}}_3\big|_{x_3=h} &= \boldsymbol{T}_{\text{liq}}\cdot\hat{\boldsymbol{x}}_3\big|_{x_3=h}, \\
\boldsymbol{v}^{(0)}\big|_{x_3=h} &= \boldsymbol{v}_{\text{liq}}\big|_{x_3=h}
\end{aligned} \quad (4.11)$$

のように，応力と粒子速度の連続となる点である。なお，(0) は応力と粒子速度を展開したときの0次項である[1]。式 (4.11) を利用して表面音響インピーダンスを求めると

$$\begin{aligned}
\boldsymbol{Z}_{A\text{liq}} =& \begin{bmatrix} -j\dfrac{\mu_{\text{liq}}}{V}\Omega_{\text{liq}}^{(1)} & 0 & \dfrac{\mu_{\text{liq}}}{V} \\ 0 & -j\dfrac{\mu_{\text{liq}}}{V}\Omega_{\text{liq}}^{(2)} & 0 \\ \dfrac{\lambda_{\text{liq}}}{V} & 0 & -j\dfrac{\lambda_{\text{liq}}+2\mu_{\text{liq}}}{V}\Omega_{\text{liq}}^{(3)} \end{bmatrix} \\
&+ j\omega h \begin{bmatrix} \rho'-\dfrac{1}{V^2}\dfrac{4\mu'(\lambda'+\mu')}{\lambda'+2\mu'} & 0 & 0 \\ 0 & \rho'-\dfrac{\mu'}{V^2} & 0 \\ 0 & 0 & \rho' \end{bmatrix} \\
&+ \dfrac{\omega h}{V}\begin{bmatrix} -\omega'\dfrac{\lambda'}{\lambda'+2\mu'}\dfrac{\lambda_{\text{liq}}}{V^2} & 0 & j\omega'\dfrac{\lambda'}{\lambda'+2\mu'}\dfrac{\lambda_{\text{liq}}+2\mu_{\text{liq}}}{V^2} \\ 0 & 0 & 0 \\ j\dfrac{\mu_{\text{liq}}}{V}\Omega_{\text{liq}}^{(1)} & 0 & -\dfrac{\mu_{\text{liq}}}{V} \end{bmatrix}
\end{aligned} \quad (4.12)$$

が得られる。式 (4.12) 右辺の第1項は式 (4.6) と，第2項は式 (4.1) と同じである。第3項は液体中での質量負荷の場合に考慮すべき項である。質量負

荷前後で液体の物性値は変わらないと仮定しているため,式(4.12)の第1項は摂動前後で相殺される。また,液体中を考えているので,SH-SAW など横波型の弾性波が対象となる。第3項には SH 成分に関する項が含まれていない。このため,SH-SAW センサに対する摂動解は

$$\frac{\Delta V}{V} = -\frac{Vh}{4P}\left(\rho' - \frac{\mu'}{V^2}\right)v_2^2,$$

$$\frac{\Delta \alpha}{k} = 0 \tag{4.13}$$

となり,式(4.4)と一致する。

液体中での質量負荷効果として,**図 4.9** に示すように,短絡した SH-SAW 伝搬面を陰極とし,銅の電着反応検出による負荷質量検出が行われた[5]。実験に用いられたのは 36YX-LiTaO$_3$ を用いて作成された 50 MHz の SH-SAW センサである。この測定値と式(4.13)を比較する。

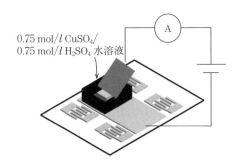

図 4.9 SH-SAW センサの伝搬面を陰極とした銅の電着反応測定素ステム

図 4.10(a)が面密度に対する速度変化,図(b)が面密度に対する波数で規格化した減衰変化である。面密度が小さい場合,すなわち膜厚が薄い場合,測定値は摂動解と一致する。しかし,面密度が $0.7(\times 10^{-4}\mathrm{kg/m^2})$ 以上になると,測定値は摂動解と一致しなくなる。また,図(b)より減衰変化も 0 ではなくなる。銅の電着反応の場合,作成される膜は均一ではなく凹凸がある。この凹凸の影響が測定値に現れていると考えている。この結果および水晶振動子を用いた結果[6]より,密度と粘度の分離測定が提案された[7]。

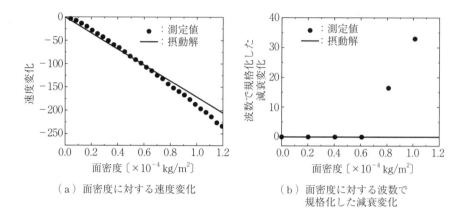

(a) 面密度に対する速度変化

(b) 面密度に対する波数で規格化した減衰変化

図 4.10 SH-SAW センサを用いた銅の電着反応測定値と摂動解の比較

4.4 液体の密度と粘度分離測定

SH-SAW 伝搬面凹凸構造による影響について摂動法を用いて検討する。図 4.11 に示すように，厚さ h の等方性薄膜が一様または凹凸構造で装荷された場合を考える。厚さ h の一様な薄膜において，$x_3=0$ における SH 方向の変位 u_{20} と，$x_3=h$ における変位 u_{2h} は等しいと仮定する。この仮定は，1 次の摂動に対応する。また，図 (b) において凹部は液体に満たされ凸部と一緒に振動すると仮定する。この仮定が成立すると，凹凸がある場合（以後，**テクスチャ**

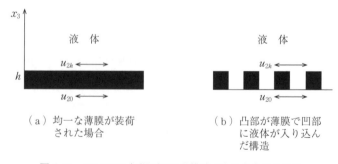

(a) 均一な薄膜が装荷された場合

(b) 凸部が薄膜で凹部に液体が入り込んだ構造

図 4.11 SH-SAW 伝搬面に凹凸構造があるときのモデル

4.4 液体の密度と粘度分離測定

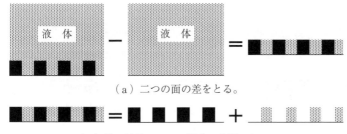

(a) 二つの面の差をとる。

(b) 差の結果は二つの部分に分解できる。

図 4.12 テクスチャ構造面とフラットな面に同じ液体が負荷された場合

構造（texture structure：TX）構造）も $u_{20}=u_{2h}$ が成立する。そこで，**図 4.12**（a）の場合を考える。テクスチャ構造と**スムースな面**（smooth surface：SMO）上に同じ液体を負荷し，その差をとる。テクスチャ構造表面とスムースな表面の粒子変位は等しいことから液体による影響も等しいと見なせる。その結果，テクスチャ構造が残る。この部分は，図（b）のように二つの部分に分離することができる。仮定より $u_{20}=u_{2h}$ なので，テクスチャ構造には質量負荷効果に対する摂動解を適用することができる。式（4.4）を利用すると

$$凸部：\left(\frac{\Delta V}{V}\right)_m = -A\left(\rho_m - \frac{\mu_m}{V^2}\right)h\frac{S_m}{S} \tag{4.14}$$

$$凹部：\left(\frac{\Delta V}{V}\right)_l = -A\left(\rho_l - \frac{\mu_l}{V^2}\right)h\frac{S_l}{S} \tag{4.15}$$

と書くことができる。ここで，添え字の m は凸部，l は凹部を表す。S は全面積，S_m は凸部の面積，S_l は凹部の面積，$A=-(Vv_2{}^2)/(4P)$ である。また，式（4.15）の右辺第2項について $\rho_l \gg (\mu_l/V^2)$ が成り立つとすると

$$凹部：\left(\frac{\Delta V}{V}\right)_l = -A\rho_l h\frac{S_l}{S} \tag{4.15'}$$

となる。面積，厚さは既知なので，測定より得られる速度変化から液体の密度を求めることができる。スムースな表面のセンサ応答と密度を式（4.10）に代入することにより粘度を求めることができる。

図 4.13 に，実験で利用した $36YX$-LiTaO$_3$ を用いた SH-SAW センサの構造とテクスチャ構造を示す。テクスチャ構造は，クロムを用いて作成した。高

50   4. 機械的摂動

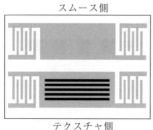

（a）実験に利用した SH-SAW センサの構造とテクスチャ構造

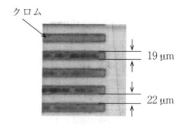

（b）テクスチャ構造の拡大図

図 4.13　36YX-LiTaO$_3$ を用いた SH-SAW センサの構造とテクスチャ構造

さ 99.5 nm，長さ 7 mm である。基準液体を蒸留水，試料液体をサッカロース，およびグルコース水溶液とした SH-SAW センサによる測定値を図 4.14 に示す。スムース表面の $h=0$ nm は金表面，$h=99.5$ nm はクロム表面での測定値である。両者の値がほぼ一致しており，$u_{20}=u_{2h}$ が成立していることがわかる。

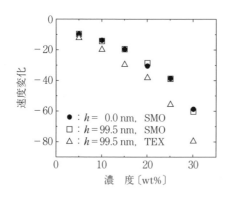

SMO：スムース表面
TEX：テクスチャ構造

図 4.14　SH-SAW センサによる測定値

一方，テクスチャ構造は，速度変化の絶対値がスムースな表面に対する結果よりも大きい。そこで，テクスチャ構造を持つ SH-SAW センサと $h=0$ nm の SH-SAW センサの応答より，図 4.12 に示した手順と式（4.10），（4.14），（4.15）により密度と粘度を求めた。図 4.15 にグルコース水溶液濃度に対する

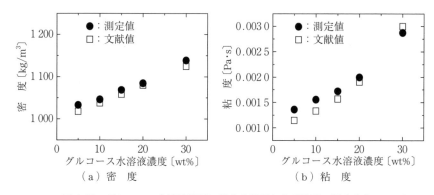

図 4.15 グルコース水溶液濃度に対する密度および粘度の測定値と文献値の比較

密度および粘度の測定値と文献値の比較を示す。密度に対する測定値と文献値の違いは平均 −1.0%であるのに対し，粘度に対しては平均 −9.2%となっている。粘度に対する測定値と文献値の差を小さくするため，摂動解ではなく**逆問題解析**（inverse problem analysis）を利用する方法も提案されている[8]。

4.5　粘 弾 性 流 体

4.2〜4.4節では，液体をニュートン流体として取り扱った。しかし，4.2節ではニュートン流体モデルの限界も測定値から示唆されていることを示した。流体はニュートン流体と非ニュートン流体に大別される。そこで，ニュートン流体の定義から考えることにする。ニュートンの粘性法則

$$T = \eta_{\text{liq}} \frac{\partial S}{\partial t} \tag{4.16}$$

が成立する流体をニュートン流体と呼ぶ[9),10)]。式（4.16）の関係が成立しない流体が非ニュートン流体となる。**図 4.16** に，ニュートン流体と非ニュートン流体の特徴をまとめた。流体力学の分野では，水，空気，アルコール，グリセリンなど低分子量の流体をニュートン流体と分類している[9]。流体力学では周波数が 0 Hz または低周波数の振動が扱われ，超音波，特に SAW など弾性

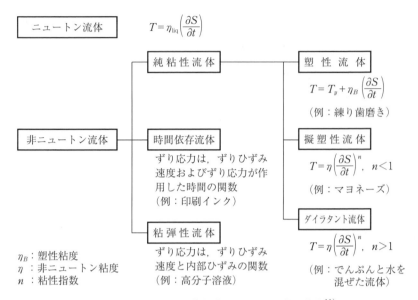

図 4.16 ニュートン流体と非ニュートン流体の特徴[11]

波のような高周波振動は扱われていない。このため，流体力学ではニュートン流体と分類されていても，超音波の分野ではニュートン流体として振る舞わない場合もある。

4.2節の測定値より，グリセリン水溶液の濃度およびセンサ周波数が高くなると，またグリセリンの温度が30℃未満になるとニュートン流体に対する摂動解と一致しなくなる。この場合，三つに分類される非ニュートン流体のどれに属するかを検討する必要がある。グリセリンの特性および分子構造により，グリセリン水溶液は**粘弾性流体**（viscoelastic fluid）に分類されている[12]。

最も簡単な粘弾性流体モデルを**図 4.17**に示す。比較のため，ニュートン流体モデルも示している。粘弾性流体は，粘度を表すダッシュポット（η）とずり弾性率を表すバネ（G）から構成される。直列に接続されているモデルは**マクスウェルモデル**（Maxwell model），並列に接続されているモデルは**フォークトモデル**（Voigt model, または Kelvin model）と呼ばれている。粘弾性流体に力を加えたときに流れるのがマクスウェルモデル，流れないのがフォークト

4.5 粘弾性流体

(a) ニュートン　　(b) マクスウェル　　(c) フォークト
　　流体モデル　　　　　モデル　　　　　　　モデル

図 4.17　粘弾性流体モデル

モデルともいえる[13]。これらのモデルよりせん断応力とひずみの関係式 (4.17), (4.18) が得られる。

$$\text{マクスウェルモデル}: \frac{\partial S_i}{\partial t} = \frac{1}{\eta_{\text{liq}}} T_i + \frac{1}{G} \frac{\partial T_i}{\partial t} \tag{4.17}$$

$$\text{フォークトモデル}: \quad T_i = G S_i + \eta_{\text{liq}} \frac{\partial S_i}{\partial t} \tag{4.18}$$

ここで，$i=4, 5, 6$ である。時間変化を $\exp(j\omega t)$ としているので

$$\text{マクスウェルモデル}: T_i = \frac{j\omega \eta_{\text{liq}}}{1 + j\omega(\eta_{\text{liq}}/G)} S_i \tag{4.19}$$

$$\text{フォークトモデル}: \quad T_i = (G + j\omega \eta_{\text{liq}}) S_i \tag{4.20}$$

と書き直せる。式 (4.19) において

$$\tau_S = \frac{\eta_{\text{liq}}}{G} \tag{4.21}$$

は，一定のひずみを与えると応力が指数関数的に減少し，初期応力の $1/e$ になる時間（緩和時間）を表している。一方，フォークトモデルの場合は式 (4.21) の左辺を τ_d （遅延時間）と呼ぶ。式 (4.16) と式 (4.19) を比べると

$$\omega \tau_S \begin{cases} \ll 1 : \text{ニュートン流体モデル} \\ \gg 1 : \text{マクスウェルモデル} \end{cases} \tag{4.22}$$

となることがわかる。式 (4.21) より，角周波数が一定ならば，ニュートン流体モデルではずり弾性率が大きく，**緩和時間** (relaxation time) が 0 に近づくことがわかる。

モデルの違いがどのように SH-SAW に影響するかについて，圧電結晶を $36YX\text{-}LiTaO_3$ として数値計算を行った[12]。マクスウェルおよびフォークト

モデルによる応力とひずみの関係を式 (3.15) のように表すため,ラメ定数の μ を式 (4.23) のようにする。

$$\text{マクスウェルモデル}: \mu_{\text{Maxwell}} = \frac{j\omega\eta_{\text{liq}}}{1+j\omega\tau_S},$$

$$\text{フォークトモデル}: \quad \mu_{\text{Voigt}} = G + j\omega\eta_{\text{liq}} \tag{4.23}$$

ずり弾性率を 0.1 GPa または 10 GPa としたときの角周波数と粘度の積に対する伝搬速度と伝搬損失の数値計算結果をそれぞれ図 4.18,図 4.19 に示す。比較のためニュートン流体に対する結果も図に示した。

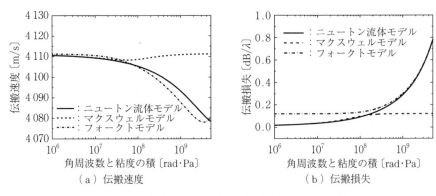

図 4.18 ずり弾性率 0.1 GPa 時の角周波数と粘度の積に対する伝搬速度と伝搬損失の数値計算結果

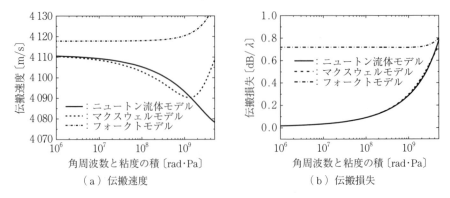

図 4.19 ずり弾性率 10 GPa 時の角周波数と粘度の積に対する伝搬速度と伝搬損失の数値計算結果

4.5 粘弾性流体

ずり弾性率が $0.1\,\mathrm{GPa}$ のとき，$\omega\eta_{\mathrm{liq}}$ が小さい場合はマクスウェルモデルがニュートン流体的に振る舞い，$\omega\eta_{\mathrm{liq}}$ が大きくなるとフォークトモデルがニュートン流体的に振る舞うことがわかる。一方，ずり弾性率が $10\,\mathrm{GPa}$ となると，フォークトモデルに対する結果はニュートン流体とは大きく異なることがわかる。一方，マクスウェルモデルの結果はニュートン流体とよく一致している。このことは，ずり弾性率が大きくなるとニュートン流体に近似できるという式 (4.22) の関係に対応している。

本書では液体を対象とするため，マクスウェルモデルについてのみ検討する。マクスウェルモデルに対する表面音響インピーダンスは，式 (4.24) のようになる。

$$Z_{A\mathrm{liq}}=$$

$$\begin{bmatrix} -j\dfrac{\dfrac{j\omega\eta_{\mathrm{liq}}}{1+j\omega\tau_S}}{V}\sqrt{1-\dfrac{\rho_{\mathrm{liq}}V^2}{\dfrac{j\omega\eta_{\mathrm{liq}}}{1+j\omega\tau_S}}} & 0 & \dfrac{\dfrac{j\omega\eta_{\mathrm{liq}}}{1+j\omega\tau_S}}{V} \\ 0 & -j\dfrac{\dfrac{j\omega\eta_{\mathrm{liq}}}{1+j\omega\tau_S}}{V}\sqrt{1-\dfrac{\rho_{\mathrm{liq}}V^2}{\dfrac{j\omega\eta_{\mathrm{liq}}}{1+j\omega\tau_S}}} & 0 \\ \dfrac{\kappa-\left(\dfrac{2}{3}\right)\dfrac{j\omega\eta_{\mathrm{liq}}}{1+j\omega\tau_S}}{V} & 0 & -j\dfrac{\kappa+\left(\dfrac{4}{3}\right)\dfrac{j\omega\eta_{\mathrm{liq}}}{1+j\omega\tau_S}}{V}\sqrt{1-\dfrac{\rho_{\mathrm{liq}}V^2}{\kappa+\left(\dfrac{4}{3}\right)\dfrac{j\omega\eta_{\mathrm{liq}}}{1+j\omega\tau_S}}} \end{bmatrix}$$

$$(4.24)$$

式 (4.24) を実部と虚部に分けて式 (3.48) と比較することにより，速度変化と波数で規格化した減衰変化が求められる。なお，計算の過程で項の大小関係により近似を行っている。また，基準液体はニュートン流体としている。

$$\frac{\varDelta V}{V}=-\frac{Vv_2{}^2}{4\,\omega P}\left[\frac{1}{V'}(M_1{'}^2+M_2{'}^2)^{1/4}\sin(M_3{'})-\sqrt{\frac{\omega\rho_{\mathrm{liq}}\eta_{\mathrm{liq}}}{2}}\right],$$

$$\frac{\varDelta\alpha}{k}=\frac{Vv_2{}^2}{4\,\omega P}\left[\frac{1}{V'}(M_1{'}^2+M_2{'}^2)^{1/4}\cos(M_3{'})-\sqrt{\frac{\omega\rho_{\mathrm{liq}}\eta_{\mathrm{liq}}}{2}}\right] \quad (4.25)$$

ここで

$$M_1 = \frac{(\omega \eta_{\text{liq}})^2 - (\omega^2 \eta_{\text{liq}} \tau_S)^2}{[1-(\omega \tau_S)^2]^2 + (2\omega \tau_S)^2} + \frac{\omega^2 \rho_{\text{liq}} \tau_S V}{1+(\omega \tau_S)^2},$$

$$M_2 = \omega \eta_{\text{liq}} \left\{ \frac{\rho_{\text{liq}} V^2}{1+(\omega \tau_S)^2} - \frac{2\omega^2 \eta_{\text{liq}} \tau_S}{[1-(\omega \tau_S)^2]^2 + (2\omega \tau_S)^2} \right\},$$

$$M_3 = \frac{1}{2} \tan^{-1}\left(\frac{M_2}{M_1}\right),$$

$$M_4 = \left[\kappa_{\text{liq}} + \frac{(4/3)\omega^2 \eta_{\text{liq}} \tau_S}{1+(\omega \tau_S)^2}\right]\left\{\rho_{\text{liq}} V^2 - \left[\kappa + \frac{(4/3)\omega^2 \eta_{\text{liq}} \tau_S}{1+(\omega \tau_S)^2}\right]\right\}$$

$$+ \left[\kappa_{\text{liq}} + \frac{(4/3)\omega^2 \eta_{\text{liq}} \tau_S}{1+(\omega \tau_S)^2}\right]^2,$$

$$M_5 = \frac{(4/3)\omega^2 \eta_{\text{liq}} \tau_S}{1+(\omega \tau_S)^2}\left\{\rho_{\text{liq}} V^2 - 2\left[\kappa_{\text{liq}} + \frac{(4/3)\omega^2 \eta_{\text{liq}} \tau_S}{1+(\omega \tau_S)^2}\right]\right\},$$

$$M_6 = \frac{1}{2}\tan^{-1}\left(\frac{M_5}{M_4}\right) \tag{4.26}$$

である。式（4.25）で試料液体を表す「′」を付けた項は試料液体を表すので，式（4.26）中の液体の物性値に「′」を付けることを意味する。

　36YX-LiTaO$_3$ に作成した中心周波数が 30, 50, 100 MHz の SH-SAW センサを用いて標準粘度液の測定を行った[14]。測定は図 2.7 の手法で実施した。標準粘度液は，一般的にニュートン流体として取り扱われており，また粘度計の校正に利用されている。基準液体を水として測定した標準粘度液の測定値を **図 4.20** に示す。式（4.10）で示されるニュートン流体に対する摂動解より，センサ応答は密度粘度積の平方根に比例する。図 4.20 より，横軸が小さい範囲では，センサ応答との間に比例関係を見ることができる。しかし，横軸が大きくなるとセンサ応答は飽和していることがわかる。このことをマクスウェルモデルに対して導出した式（4.25）を利用して説明するには，標準粘度液のずり弾性率が既知でなければならない。ずり弾性率の推定はすでに行われている[14]。しかし，密度と粘度は文献値が利用された。逆問題解析法[8],[15] を発展させ，複数の物性値を同時に求められる方法の確立が必要である。

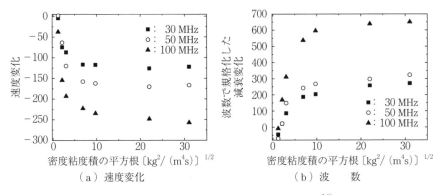

図 4.20 標準粘度液の測定値（基準液体：水）[14]

引用・参考文献

1) B. A. Auld：Acoustic fields and waves in solids 2nd ed., vol. II, Chap. 12, Krieger Pub.（1990）
2) 近藤 淳：横波型弾性表面波を用いた液相系センサ，電学論 C, **131**, pp. 1094-1100（2011）
3) 恒藤敏彦：弾性体と流体，第6章，岩波書店（1983）
4) D. R. Lide：CRC Handbook of Chemistry and Physics, CRC Press, Boca Raton, FL, 2005, 86th ed., Sect. 8（2005）
5) 近藤 淳，塩川祥子：SH-SAW デバイスを用いた溶液系センサ，信学論（C-II），**J75-C-II**, pp. 224-234（1992）
6) S. J. Martin, G. C. Frye, and K. O. Wessendorf：Sensing liquid properties with thickness-shear mode resonators, Sensors and Actuators A, **44**, pp. 209-218（1994）
7) J. Kondoh, S. Hayashi, and S. Shiokawa：Simultaneous Detection of Density and Viscosity Using Surface Acoustic Wave Liquid-phase Sensors, Jpn. J. Appl. Phys., **40**, pp. 3713-3717（2001）
8) K. Ueda and J. Kondoh：Estimation of liquid properties by inverse problem analysis based on shear horizontal surface acoustic wave sensor responses, Jpn. J. Appl. Phys., **56**, 07JD08（2017）
9) 中村喜代次：非ニュートン流体力学，p. 91，コロナ社（1997）
10) 野村浩康，川泉文男，香田 忍：液体および溶液の音波物性，名古屋大学出版会（1994）

11) 伊藤英覚,本田 睦：流体力学,丸善 (1982)
12) 近藤 淳：弾性表面波デバイスを用いた溶液系センサの開発と識別システムへの応用,4章,静岡大学博士論文 (1995)
13) 日刊工業新聞社 編：絵でみる工業材料辞典―有機高分子材料編, p.24, 日刊工業新聞社 (1992)
14) T. Morita, M. Sugimoto, and J. Kondoh : Measurements of Standard-viscosity Liquids Using Shear Horizontal Surface Acoustic Wave Sensors, Jpn. J. Appl. Phys., **48**, 07GG15 (2009)
15) K. Takayanagi and J. Kondoh : Improvement of estimation method for physical properties of liquid using shear horizontal surface acoustic wave sensor response, Jpn. J. Appl. Phys., **49**, 07LD02 (2018)

電気的摂動

5.1 伝搬面上が空気の場合の電気的摂動

本章では，機械的摂動は生じない，または相殺されると仮定する．電気的摂動の基本式（3.45）を利用するためには，電束密度 D_I と静電ポテンシャル ϕ_I を求める必要がある．このため，圧電基本式から考える．ただし，式（3.8）ではなく

$$D_I = d_I : T_I + \varepsilon_I^T E_I \tag{5.1}$$

を利用する．ここで，d_I は圧電定数，ε_I^T は応力一定時の誘電率である．圧電結晶内には真電荷は存在しないため，$\nabla \cdot D_I = 0$ となるので，式（5.1）は式（5.2）のように表すことができる．

$$\nabla \cdot \varepsilon_I^T \nabla \phi_I = \nabla \cdot d_I : T_I \tag{5.2}$$

式（5.2）中の静電ポテンシャルと応力を非摂動解とし，摂動解は「′」を付けて

$$\nabla \cdot \varepsilon_I^T \nabla \phi_I' = \nabla \cdot d_I : T_I' \tag{5.3}$$

と表す．式（5.3）と式（5.2）の差をとると

$$\nabla \cdot \varepsilon_I^T \nabla (\phi_I' - \phi_I) = \nabla \cdot d_I : (T_I' - T_I) \tag{5.4}$$

となる．ここで，機械的摂動は無視するため右辺の応力の差は0となる．また，左辺の静電ポテンシャルの差を式（5.5）で表す．

$$\varPhi_I = \phi_I' - \phi_I \tag{5.5}$$

この結果，式（5.4）は式（5.6）のようになる．

$$\nabla \cdot \varepsilon_I{}^T \nabla \Phi_I = 0 \tag{5.6}$$

式 (5.6) を解くため

$$\Phi_I = \Phi(x_3) e^{-j\beta x_1} = A e^{\gamma x_3} e^{-j\beta x_1} \tag{5.7}$$

とおく。ただし，時間項 ($e^{j\omega t}$) は省略している。この結果

$$\Phi(x_3) = A e^{-\gamma^- x_3} + B e^{\gamma^+ x_3} \tag{5.8}$$

となる。ここで

$$\gamma^- = \beta \left[\frac{-j\varepsilon_{31}{}^T + \sqrt{\varepsilon_{11}{}^T \varepsilon_{33}{}^T - (\varepsilon_{31}{}^T)^2}}{\varepsilon_{33}{}^T} \right],$$

$$\gamma^+ = \beta \left[\frac{j\varepsilon_{31}{}^T + \sqrt{\varepsilon_{11}{}^T \varepsilon_{33}{}^T - (\varepsilon_{31}{}^T)^2}}{\varepsilon_{33}{}^T} \right] \tag{5.9}$$

であり，A と B は任意の定数である。また，式 (5.5) の発散を考えることにより

$$\boldsymbol{D}_I{}' = \boldsymbol{D}_I - \varepsilon^T \nabla \cdot \Phi \tag{5.10}$$

が導ける。

機械的摂動において表面音響インピーダンスを導入したように，電気的摂動に対しても**表面インピーダンス**（surface impedance）を導入する。非摂動時に表面インピーダンスを

$$Z_E(0) = \left. \frac{\phi_I}{j\omega D_{Ix_3}} \right|_{x_3=0} \tag{5.11}$$

と表す。$x_3 > 0$ の領域（空気）には真電荷が存在しないと仮定すると

$$\nabla \cdot \boldsymbol{D}_{II} = 0,$$

$$\therefore \quad \nabla^2 \phi_{II} = 0 \tag{5.12}$$

のようにラプラスの式で表現できる。$x_3 \to \infty$ で $\phi_{II} \to 0$ となることに注意すると

$$\phi_{II} = C e^{-\beta x_3} e^{-j\beta x_1} \tag{5.13}$$

となる。ここで，C は任意の定数である。境界条件は $x_3 = 0$ で電束密度の法線方向成分と静電ポテンシャルの連続 ($\phi_I|_{x_3=0} = \phi_{II}|_{x_3=0}$) である。したがって，$x_3 = 0$ で電束密度の x_3 成分は

$$D_{Ix_3}|_{x_3=0} = \beta\varepsilon_0\phi_I|_{x_3=0} \tag{5.14}$$

と表せる。ここで，ε_0 は真空の誘電率である。ゆえに式 (5.11) は

$$Z_E(0) = \frac{1}{j\omega\beta\varepsilon_0} \tag{5.15}$$

となる。一方，摂動時の表面インピーダンスは

$$Z_E{}'(0) = \frac{\phi_I{}'}{j\omega D_{Ix_3}{}'}\bigg|_{x_3=0} \tag{5.16}$$

となる。式 (5.16) を式 (5.11) で規格化すると

$$z_E(0){}' = \frac{Z_E{}'(0)}{|Z_E(0)|} \tag{5.17}$$

が得られる。$z_E(0)'$ を**規格化表面インピーダンス**（normalized surface impedance）と呼ぶ。式 (5.17) に式 (5.15) を代入すると

$$z_E{}' = -j\beta\varepsilon_0\left(\frac{\phi_I{}'}{D_{Ix_3}{}'}\right)_{x_3=0} \tag{5.18}$$

となる。なお，左辺の (0) は省略している。

式 (5.8) は $x_3 \to -\infty$ で $\Phi_I \to 0$ となるので $A=0$ である。式 (5.5) より，$x_3=0$ とすると

$$\phi_I{}'|_{x_3=0} = \phi_I|_{x_3=0} + Be^{-j\beta x_1} = \phi_I|_{x_3=0} + B \tag{5.19}$$

となる。ただし，$B = Be^{-j\beta x_1}$ としている。式 (5.19) を利用すると

$$D_{Ix_3}{}'|_{x_3=0} = \beta(\varepsilon_0+\varepsilon_P{}^T)\phi_I|_{x_3=0} - \beta\varepsilon_P{}^T\phi_I{}'|_{x_3=0} \tag{5.20}$$

が求められる。ここで，$\varepsilon_P{}^T = \sqrt{\varepsilon_{11}{}^T\varepsilon_{33}{}^T - (\varepsilon_{31}{}^T)^2}$ をセンサ基板として用いる圧電結晶の**実効誘電率**（effective permittivity）と呼ぶ。摂動時の静電ポテンシャルと電束密度を，非摂動時の静電ポテンシャルを用いて表すことを考える。式 (5.18) に式 (5.20) を代入して整理すると

$$\phi_I{}'|_{x_3=0} = \frac{jz_E{}'(\varepsilon_0+\varepsilon_P{}^T)}{\varepsilon_0+j\varepsilon_P{}^Tz_E{}'}\phi_I|_{x_3=0} \tag{5.21}$$

となる。また，式 (5.20) より

$$D_{Ix_3}{}'|_{x_3=0} = \frac{\beta\varepsilon_0(\varepsilon_0+\varepsilon_P{}^T)}{\varepsilon_0+j\varepsilon_P{}^Tz_E{}'}\phi_I|_{x_3=0} \tag{5.22}$$

となる。式 (5.21), (5.22) を式 (3.44) に代入すると, $x_3>0$ が空気の場合の電気的摂動に対する摂動解が求められる。

$$\frac{\varDelta\beta}{\beta}\approx\frac{\varDelta\beta}{k}=\frac{K^2}{2}\frac{\varepsilon_0(1-jz_E{}')}{\varepsilon_0+j\varepsilon_P{}^Tz_E{}'} \quad (5.23)$$

ここで

$$\frac{K^2}{2}=-\omega(\varepsilon_0+\varepsilon_P{}^T)\frac{|\phi_I|^2_{x_3=0}}{4P} \quad (5.24)$$

である。K^2 は電気機械結合係数である。式 (5.23) を実部と虚部に分ければ, 速度変化と波数で規格化した減衰変化が得られる。

5.2 伝搬面上が液体の場合の電気的摂動

電気的摂動は, 圧電効果により生じる電位(または電界)が圧電結晶と接する媒質の電気的特性に影響を受けることに起因している。測定対象が液体となる場合, 液体の持つ誘電率と**導電率**（conductivity）が測定対象となる。複素誘電率 ε_{liq} は

$$\varepsilon_{\text{liq}}=\varepsilon_r\varepsilon_0-j\frac{\sigma}{\omega} \quad (5.25)$$

で定義される。ここで, ε_r は液体の**比誘電率**（relative permittivity）, σ は導電率である。液体の電気的特性により, 圧電効果で発生する静電ポテンシャル分布がどのように影響されるかについて, 数値解析によって計算した結果を**図5.1** に示す。圧電結晶は $36YX\text{-LiTaO}_3$ である。液体の比誘電率および周波数で規格化した導電率に対する計算結果より, 導電率が大きくなると圧電結晶表面 ($x_3=0$) での値が 0 に近づく。このことは, 導電率増加により短絡状態になることを意味しており, 妥当な結果である。比誘電率が小さくなると静電ポテンシャルの分布は大きくなる。この変化により生じる速度変化と波数で規格化した減衰変化を, 摂動法を利用して導出する。

摂動法を適用するため, 摂動前(基準)と摂動後(試料)を考える必要があ

5.2 伝搬面上が液体の場合の電気的摂動　63

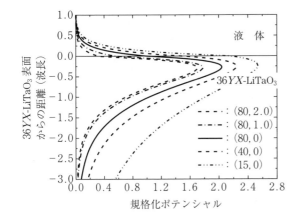

図 5.1 液体の電気的特性 (ε_r, $(\sigma/f)\times 10^{-8}$) を変化させた場合の規格化電位の数値解析結果

る[1),2)]。最初に，基準状態として導電率が無視できる液体を仮定する。

$$\varepsilon_{\text{liq}} = \varepsilon_r \varepsilon_0 \tag{5.26}$$

試料液体の電気的特性を式（5.25）の比誘電率と導電率に「′」を付けて

$$\varepsilon_{\text{liq}}' = \varepsilon_r' \varepsilon_0 - j\frac{\sigma'}{\omega} \tag{5.27}$$

と表す。5.1節と同様に，表面インピーダンス Z_E を導入する。非摂動時の表面インピーダンスを

$$Z_E(0) = \frac{\phi_I}{j\omega D_{Ix_3}}\bigg|_{x_3=0} \tag{5.28}$$

と表す。非摂動時の液体中の静電ポテンシャル ϕ_I はラプラスの式に従うと仮定し，5.1節と同様に考えると

$$Z_E = \frac{1}{j\omega\beta\varepsilon_{\text{liq}}} \tag{5.29}$$

が得られる。つぎに，摂動時の表面インピーダンスについても式（5.16）と同様に

$$Z_E' = \frac{\phi_I'}{j\omega D_{Ix_3}'}\bigg|_{x_3=0} \tag{5.30}$$

と表すことができる。摂動時，液体には導電率が含まれる。この場合，ポアソンの式を利用しなければならない。しかし，ここでは摂動時にも式（5.29）と

同様に

$$Z_E = \frac{1}{j\omega\beta'\varepsilon_{\text{liq}}'} \tag{5.31}$$

と表せると仮定する。非摂動時の表面インピーダンスを用いて摂動時の表面インピーダンスを規格化すると

$$z_E' = \frac{Z_E'}{|Z_E|} = -j\frac{\varepsilon_{\text{liq}}}{\varepsilon_{\text{liq}}'} \tag{5.32}$$

が得られる。ただし，$\beta' = \beta$ と仮定している。

規格化表面インピーダンスを用いると，式 (5.21), (5.22) と同様に，摂動時の静電ポテンシャルと電束密度は非摂動時の静電ポテンシャルで表すことができる。

$$\phi'|_{x_3=0} = \frac{jz_E'(\varepsilon_{\text{liq}} + \varepsilon_P{}^T)}{\varepsilon_{\text{liq}} + jz_E'\varepsilon_P{}^T}\phi|_{x_3=0},$$

$$D'_{x_3}|_{x_3=0} = \frac{\beta\varepsilon_{\text{liq}}(\varepsilon_{\text{liq}} + \varepsilon_P{}^T)}{\varepsilon_{\text{liq}} + jz_E'\varepsilon_P{}^T}\phi|_{x_3=0} \tag{5.33}$$

式 (5.33) を式 (3.45) に代入すると

$$\frac{\Delta\beta}{k} = \frac{K_s{}^2}{2}\frac{\varepsilon_{\text{liq}}' - \varepsilon_{\text{liq}}}{\varepsilon_{\text{liq}}' + \varepsilon_P{}^T} \tag{5.34}$$

が導かれる。ここで，$K_s{}^2$ は基準液体負荷時の電気機械結合係数である。式 (5.34) を実部と虚部に分け，式 (3.48) と比較することにより速度変化と波数で規格化した減衰変化が得られる。

$$\frac{\Delta V}{V} = -\frac{K_s{}^2}{2}\frac{(\sigma'/\omega)^2 + \varepsilon_0(\varepsilon_r' - \varepsilon_r)(\varepsilon_r'\varepsilon_0 + \varepsilon_P{}^T)}{(\sigma'/\omega)^2 + (\varepsilon_r'\varepsilon_0 + \varepsilon_P{}^T)^2} \tag{5.35}$$

$$\frac{\Delta\alpha}{k} = \frac{K_s{}^2}{2}\frac{(\sigma'/\omega)(\varepsilon_r\varepsilon_0 + \varepsilon_P{}^T)}{(\sigma'/\omega)^2 + (\varepsilon_r'\varepsilon_0 + \varepsilon_P{}^T)^2} \tag{5.36}$$

なお，36YX-LiTaO$_3$ を圧電結晶，基準液体を水とした場合，$K_s{}^2 = 0.027$，$\varepsilon_P{}^T = 4.58 \times 10^{-10}$ F/m となる。

電気的摂動を測定するには，圧電結晶表面に直接測定対象物を接触させる必要がある。このとき，弾性波伝搬に伴う粒子変位も測定対象と相互作用するため，機械的摂動をキャンセルしなければならない。36YX-LiTaO$_3$ を伝搬する

SH-SAWを用いて液体の電気的特性を測定する場合，図5.2のように，短絡面と結晶表面が露出した開放面を持つ構造が利用されている．短絡側を参照用，開放側を検出用センサとして，2章の測定システムに組み込まれて利用されている．

参照用チャネル
検出用チャネル

図5.2 電気的摂動検出用SH-SAWセンサの構造

導電率または比誘電率に対する測定値，摂動解，および数値解析解を図5.3に示す．図（a）では，複素誘電率の誘電率は一定(水の値)，導電率のみ変化するとして摂動解と数値解析解が求められた．図（a）より測定値，摂動解は数値解析解とよく一致することがわかる．測定試料の導電率は，市販の導電率計を用いて測定された．この値と理論値が一致することより，SH-SAWセンサは導電率計として利用できることを示唆している．図（b）は，導電率を0 S/m，誘電率のみ変化するとして摂動解と数値解析解が求められた．これらの

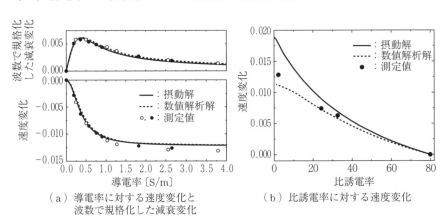

（a）導電率に対する速度変化と波数で規格化した減衰変化
（b）比誘電率に対する速度変化

図5.3 導電率または比誘電率に対する測定値，摂動解，および数値解析解

計算値と測定値を比べると，比誘電率が小さくなると，測定値は数値解析解と一致するのに対し，摂動解との差は大きく異なることがわかる．この原因を変位分布から説明する．**図 5.4** に，液体の比誘電率が 80 または 1 の場合の x_2 方向すなわち SH 方向の変位分布を示す．比誘電率が小さくなると，変位分布は表面に収束しないことがわかる．結晶表面が空気と接する場合（比誘電率が小さい場合），$36YX$-$LiTaO_3$ を伝搬する波は，surface skimming bulk wave (SSBW) である[3]．一方，水のような高誘電率媒質を負荷すると，波のエネルギーは伝搬面近傍にトラップされるので SH-SAW となる．低誘電率媒質に対して摂動法を適用するための補正法が Kogai らにより提案されている[4]．

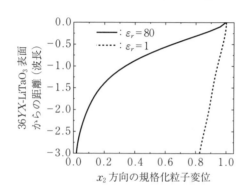

図 5.4 液体の比誘電率が 80 または 1 の場合の SH 方向の変位分布

5.3 比誘電率-導電率図表

式 (5.35)，(5.36) の左辺は測定により得られるので，式中の未知量は試料液体の比誘電率と導電率となる．このため，容易に比誘電率と導電率を求めることができる．ここでは，高周波回路で使われるスミス図表[5]のように液体の比誘電率や導電率を図的に評価できるように考えられた**比誘電率-導電率図表**(relative permittivity-conductivity chart) を紹介する[6],[7]．式 (5.35)，(5.36) から，試料液体の比誘電率または導電率を消去すると

$$\left(\frac{\Delta V}{V} + \frac{K_s^2}{2}\right)^2 + \left[\frac{\Delta \alpha}{k} - \frac{K_s^2}{4} \frac{\varepsilon_r \varepsilon_0 + \varepsilon_P{}^T}{(\sigma'/\omega)}\right]^2 = \left[\frac{K_s^2}{4} \frac{\varepsilon_r \varepsilon_0 + \varepsilon_P{}^T}{(\sigma'/\omega)}\right]^2 \quad (5.37)$$

$$\left[\frac{\Delta V}{V} + \frac{K_s^2}{4} \frac{\varepsilon_0(2\varepsilon_r' - \varepsilon_r) + \varepsilon_P{}^T}{\varepsilon_r'\varepsilon_0 + \varepsilon_P{}^T}\right]^2 + \left(\frac{\Delta \alpha}{k}\right)^2 = \left(\frac{K_s^2}{4} \frac{\varepsilon_r \varepsilon_0 + \varepsilon_P{}^T}{\varepsilon_r'\varepsilon_0 + \varepsilon_P{}^T}\right)^2 \quad (5.38)$$

の円の方程式が得られる.横軸を速度変化,縦軸を波数で規格化した減衰変化とした平面にプロットする.このとき,比誘電率は1以上,波数で規格化した減衰変化は正として計算した結果を図5.5に示す.また,図5.3(a)の塩化カリウム水溶液に対する測定値を併せてプロットした.図の実線は比誘電率を一定,破線は周波数で規格化した導電率を一定として求めた結果である.塩化カリウム水溶液に対する測定値を見ると,導電率の増加により比誘電率も増加していることがわかる.

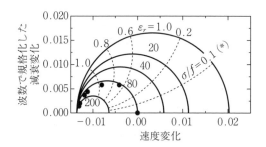

実線は比誘電率一定曲線,破線は周波数で規格化した導電率一定曲線を表す.
($*:1\times 10^{-8}$ (S/m)/Hz).
図5.5 比誘電率-導電率図表

5.4 比誘電率-導電率図表を用いた液体評価

5.4.1 導電率滴定

酸性溶液と塩基性溶液を混合することは,中和反応(中和滴定)として知られている.中和滴定では液体中の水素イオン濃度,すなわちpHを測定する.

同種の測定方法に**導電率滴定**（conduct metric titration）がある。導電率滴定では，pHではなく導電率で中和反応を評価する。酸性物質HXを塩基性物質MOHにより滴定する場合の化学反応式は，式（5.39）のように書くことができる[7]。

$$H^+ + X^- + M^+ + OH^- \longrightarrow H_2O + X^- + M^+ \qquad (5.39)$$

滴定が進行するのに伴い，H_2O が生成されるため水素イオンが減少し導電率が小さくなる。当量点を過ぎると，水酸化物イオンが過剰となるので導電率が増加する。n〔M〕（=mol/l）の酸性溶液 v〔ml〕の滴定に必要な n'〔M〕の塩基性溶液の体積 v'〔ml〕は式（5.40）より求めることができる。

$$nv = n'v' \qquad (5.40)$$

SH-SAWセンサの電気的摂動関する応用として，導電率滴定測定が試みられた。測定に利用されたSH-SAWは図5.2に示すタイプであり，$36YX$-$LiTaO_3$ に作成された。中心周波数は50 MHzである。基準液体を脱イオン水として，つぎの二つの系の測定が行われた。

　　S系：HCl-NaOH

　　D系：HCl+CH$_3$COOH-NaOH

表5.1に，あらかじめ用意した酸性水溶液のモル濃度と体積，および滴定に

表5.1 酸性水溶液のモル濃度と体積，および滴定に用いた塩基性水溶液の濃度と当量点の測定値と理論値の比較

系	初期条件					当量点				
	HCl		+	CH$_3$COOH		NaOH				
						HCl滴定に要した体積			HClとCH$_3$COOHの滴定に要した体積	
	モル濃度〔mM〕	体積〔μl〕		モル濃度〔mM〕	体積〔μl〕	モル濃度〔mM〕	測定値〔μl〕	理論値〔μl〕	測定値〔μl〕	理論値〔μl〕
S1	10	150				10	158	150		
S2	20	200				100	50	40		
S3	10	150				100	19	15		
D1	10	150		7.4	150	100	18.1	15	78	26.1
D2	20	150		7.4	150	100	46	30	81	41.1

用いた塩基性水溶液の濃度と当量点の測定値と理論値の比較を示す。**図5.6**,**図5.7**はそれぞれS系，D系に対する測定値である。この結果から当量点におけるNaOH水溶液の体積を求め，式（5.40）から得られる値と比較した（表5.1）。塩酸に対する当量点でのNaOH水溶液の体積の測定値と理論値は近い値となっている。しかし，酢酸に対するNaOH水溶液の体積は測定値と理論値で大きく異なっている。一般的に，導電率滴定で変化するのは導電率のみと考えられてきた。しかし，図5.5で電解質水溶液の比誘電率が一定でないように，導電率滴定においても導電率と同時に比誘電率も変化している可能性がある。比誘電率-導電率図表を用いると，比誘電率と導電率の変化を同時に評価できる。そこで，D_1系の測定値を比誘電率-導電率図表にプロットした（**図5.8**）。図より導電率と同時に比誘電率も変化していることがわかる。誘電率の変化は当量点を求める際に考慮されていない。このことが理論値と測定値の違いの原因の一つである。

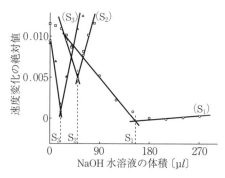

図5.6 S系に対する測定値（滴下したNaOH水溶液の体積に対する速度変化）[7]

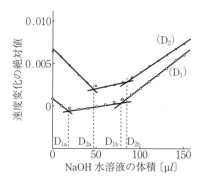

図5.7 D系に対する測定値（滴下したNaOH水溶液の体積に対する速度変化）[7]

液体の電気的な特性は，式（5.25）に示されたように複素誘電率を用いて表される。液体の複素誘電率測定には，静電容量型の測定装置が一般に使われている。しかし，それらと比べるとSH-SAWセンサを用いた測定法のほうが容易に液体の測定が可能である。このため，液体の複素誘電率評価用測定装置として有望と考えている。例えば，市販されているトマトジュースの評価が比誘

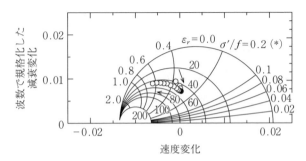

図 5.8 D_1 系に対する測定値の誘電率-導電率図表を用いた評価[7] (*: 1×10^{-8} (S/m)/Hz)

電率-導電率図表を用いて行われている[8]。

5.4.2 ミネラルウォーター測定

現在，多くの種類のミネラルウォーターが市販されている。水は硬度により軟水と硬水に分類される。硬度は水に含まれるカルシウムとマグネシウムの量により決定される．一般に，日本の水は軟水である。図 5.9 は，測定当時市販されていたミネラルウォーターを，30 MHz の SH-SAW センサを用いて測定した比誘電率-導電率図表による評価結果である[9]。測定値は図 5.5 の一部を拡大した比誘電率-導電率図表にプロットされている。実線が比誘電率一定曲

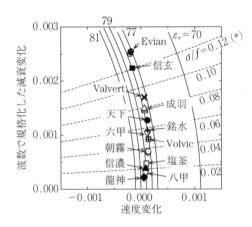

*: 1×10^{-8} (S/m)/Hz。成羽：成羽の水，天下：天下甘露水，銘水：銘水の旅，六甲：六甲のおいしい水，塩釜：塩釜の水，信濃：信濃湧水，八甲：八甲田，龍神：龍神の自然水である。

図 5.9 市販されているミネラルウォーターの比誘電率-導電率図表による評価結果[8]

線,破線が周波数で規格化した導電率一定曲線である。測定したミネラルウォーターの違いは含まれているイオン種とその濃度により決まる導電率に依存することがわかる。一方,比誘電率は導電率増加に伴い若干減少することがわかる。各試料のボトルに記載されている含まれているイオン種とその濃度より硬度を計算すると,"六甲のおいしい水"が $82.8\,g/m^3$, "成羽の水"が $129.8\,g/m^3$ となるので,軟水と硬水の境である $100\,g/m^3$ は,この二つの試料間に存在する。

5.5 導電率と誘電率を用いた水評価

式 (5.35), (5.36) より,比誘電率-導電率図表ではなく直接比誘電率と導電率を求めた液体評価の例として,2000年9月11日から220日間実施された浜松市水道水測定結果について紹介する。採水場所は静岡大学浜松キャンパス内の建物である。用いた水道水は秋葉ダムで取水され,大原浄水場で処理された水である。取水場所(天竜川水)の水質は AA 類型であり,水道1級とされている[10),11)]。測定には,$36YX\text{-}LiTaO_3$ に作成された 30 MHz SH-SAW センサが利用された。図 5.10 は,浜松市水道水の測定開始日からの経過日数に対する導電率と比誘電率を示している。比誘電率は測定期間の間ほぼ一定である。導電率は減少→増加→減少という傾向を示している。このような変動は取

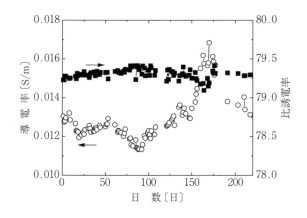

図 5.10 浜松市水道水の測定開始日からの経過日数に対する導電率と比誘電率の測定値

水した河川の影響も含まれる．冬には支流から流れ込む水が減るため導電率は小さくなる．春になると雪解け水が流れ込むため水量が増え，導電率も増加する．このような状況が導電率に影響していると考えている．測定から得られた導電率の平均値よりを周波数で規格化した導電率を求めると0.043×10^{-8}(S/m)/Hzとなる．図5.9より，測定した水道水は"朝霧"と"Volvic"の間となることがわかる．水を導電率のみで評価するなら導電率計を利用すればよい．水に不純物が混入した場合を考える．不純物が電解質である場合，導電率の増加と比誘電率の若干の変化が生じる．不純物が非電解質の場合，誘電率の変化が大きくなる．このため，既存の導電率計のみでのモニタリングでは導電率と誘電率の変化を同時に検知できない．このため，比誘電率と導電率を同時に測定できることは重要である．東南アジアなど各地で飲み水の安全性確保が重要な問題となっている．比誘電率と導電率を同時に測定でき，かつワイヤレス測定が可能なSH-SAWセンサを用いた水評価システムを実現する社会的意義は高い．

5.6　基準液体の導電率が無視できない場合

基準液体が式（5.25）で表されている場合，液体中のイオンを無視することはできないので，電荷を0Cとしてラプラスの式（$\nabla \cdot D_{II} = 0$）ではなく，$\nabla \cdot D_{II} = \rho_e$（$\rho_e$：電荷）のポアソンの式を利用しなければならない．ポアソンの式の右辺の電荷は，基準液体中に分布するイオンに関連する．例えば，希薄な電解質水溶液に対しては**デバイ・ヒュッケルの理論**（Debye-Hückel theory）が提案されている[12]．デバイ・ヒュッケルの理論では，電極上のイオン分布をボルツマン分布で近似できると仮定している．デバイ・ヒュッケルの理論を利用して導出された摂動解には，**デバイ長**（Debye length）と呼ばれる項が含まれる[13]．デバイ長を求めるには，試料液体のイオン強度が既知でなければならない．基準液体に対しては，含まれているイオンおよびその濃度は既知と考えられる．しかし，試料液体に含まれるイオン種とその濃度は未知な場合が多

5.6 基準液体の導電率が無視できない場合

いため,デバイ・ヒュッケルの理論に基づく摂動解を利用できない。また,希薄でない電解質溶液に対しても適用できない。そこで,どのような電解質溶液に対しても適用可能な考え方が提案された。基準液体の導電率を0 S/mとした摂動解の拡張により,基準液体の導電率が0 S/mではない場合の摂動解が導出された[7]。図5.11に,基準液体の導電率が0 S/mでない場合の考え方を示す。

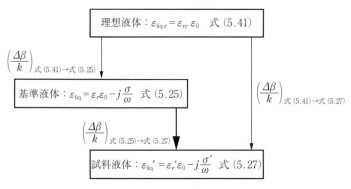

図5.11 基準液体の導電率が0 S/mでない場合の考え方

式 (5.41) で表される導電率が0 S/mの理想液体を導入する。

$$\varepsilon_{\text{liq}c} = \varepsilon_{rc}\varepsilon_0 \tag{5.41}$$

式 (5.41) から式 (5.25),および式 (5.41) から式 (5.27) への変化は,式 (5.35),(5.36) で表すことができる。このため,式 (5.25) から式 (5.27) の変化は

$$\left(\frac{\Delta\beta}{k}\right)_{\text{式}(5.25)\to\text{式}(5.27)} = \left(\frac{\Delta\beta}{k}\right)_{\text{式}(5.41)\to\text{式}(5.27)} - \left(\frac{\Delta\beta}{k}\right)_{\text{式}(5.41)\to\text{式}(5.25)} \tag{5.42}$$

と表すことができる。式 (5.42) を速度変化と波数で規格化した減衰変化に直すと

$$\frac{\Delta V}{V} = \frac{K_s^2}{2}(\varepsilon_{\text{liq}c} + \varepsilon_P{}^T)\frac{AC + (BD/\omega^2)}{A^2 + (B/\omega)^2} \tag{5.43}$$

$$\frac{\Delta\alpha}{k} = \frac{K_s^2}{2}(\varepsilon_{\text{liq}c} + \varepsilon_P{}^T)\frac{(1/\omega)(BC - AD)}{A^2 + (B/\omega)^2} \tag{5.44}$$

となる。ここで

$$A=(\varepsilon_r'\varepsilon_0+\varepsilon_P{}^T)(\varepsilon_r\varepsilon_0+\varepsilon_P{}^T)-\frac{\sigma'\sigma}{\omega^2},$$

$$B=\sigma'(\varepsilon_r\varepsilon_0+\varepsilon_P{}^T)+\sigma(\varepsilon_r'\varepsilon_0+\varepsilon_P{}^T),$$

$$C=\varepsilon_0(\varepsilon_r'-\varepsilon_r),$$

$$D=\sigma'-\sigma \tag{5.45}$$

である。式の形は式 (5.35), (5.36) と同じである。

　基準液体の導電率が 0 S/m の場合の摂動解を拡張した式 (5.43), (5.44) の有効性を確認するため，塩化カリウム水溶液を用いて測定した。塩化カリウム水溶液の導電率を 0.085 7 S/m または 0.511 S/m とした場合の測定値と摂動解との比較を**図 5.12** に示す[7]。図 5.7 より測定値と式 (5.43), (5.44) はよく一致していることがわかる。このことから，基準液体の導電率が 0 の場合の摂動解を拡張した考え方の有効性がわかる。また，この場合の比誘電率-導電率図表は，式 (5.37), (5.38) の中心の平行移動となる。

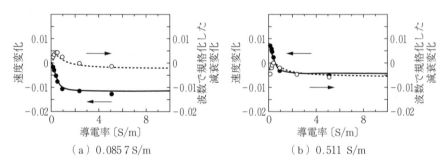

図 5.12　塩化カリウム水溶液を用いた基準液体の測定値と摂動解との比較[7]

引用・参考文献

1) 近藤 淳：横波型弾性表面波を用いた液相系センサ，電学論 (C-II), **131**, pp. 1094-1100 (2011)

2) 近藤 淳, 塩川祥子：SH-SAW デバイスを用いた溶液系センサ, 信学論 (C-II), **J75-C-II**, pp. 224-234 (1992)
3) 橋本研也, 山口正恆, 山森康司, 小郷 寬：高結合回転 Y カット $LiNbO_3$ および $LiTaO_3$ を伝搬する SSBW と Leaky SAW, 信学論 (C-I), **J67-C**, pp. 158-165 (1984)
4) T. Kogai, H. Yatsuda, and S. Shiokawa：Degradation of liquid-phase shear horizontal surface acoustic wave sensor owing to lack of energy concentration of surface and compensation method," Jpn. J. Appl. Phys., **47**, pp. 4091-4095 (2008)
5) 本郷廣平：電気回路, 6 章, 実教出版 (1978)
6) 近藤 淳, 塩川祥子：音響電機相互作用を利用した溶液系 SH-SAW センサの検討, 日本音響学会平成 4 年春季研究発表会講演論文集, pp. 823-824 (1992)
7) 近藤 淳, 塩川祥子：音響電気相互作用を利用した液相系 SH-SAW センサ, 信学論 (C-II), **J77-C-II**, pp. 338-347 (1994)
8) 近藤 淳, 塩川祥子：すべり弾性表面波センサを用いた混合溶液評価, 信学論 (C-I), **J82-C-I**, pp.784-790 (1999)
9) 近藤 淳, 塩川祥子：弾性波マイクロセンサを用いた水の計測, まてりあ, **54**, pp. 1243-1247 (1995)
10) しずおか河川ナビゲーション, 一級水系天竜川水系参照。
    URL：http://www.shizuoka-kasen-navi.jp/html/tenryu/basic_04.html
11) 環境省別表 2 生活環境の保全に関する環境基準（河川）参照。
    URL：https://www.env.go.jp/kijun/wt2-1-1.html
12) 玉虫伶太：電気化学, p.21, 東京化学同人 (1967)
13) 近藤 淳：弾性表面波デバイスを用いた溶液系センサの開発と識別システムへの応用に関する研究, 静岡大学博士論文 (1995)

弾性表面波センサを用いた応用測定

6.1 ガスセンサ

弾性波を用いた最初のセンサ応用はガスセンサである。SAWデバイスを用いたガスセンサではレイリー波が利用されることが多い。SAWガスセンサは,特定のガス種のみ検出するタイプと,さまざまなガス種を検出対象とするタイプに大別することができる。特定のガス種を検知対象とする場合,測定対象となるガス分子のみと選択的に結合する膜材料をセンサ表面に装荷する必要がある。一方,さまざまなガス種を検知対象とする場合,つぎのように二つに分けることができる。

① 同じ中心周波数のSAWデバイスを複数用意し,1個を参照用,そのほかに異なる膜を塗布して検出用とし,各センサからの応答パターンにより識別する。

② ガスクロマトグラフィ (GC) で利用されるカラムを用いて,時間的にガス種を分離して1個または少数のSAWセンサで測定する。

図6.1は①の例である。この図の場合,ガスセンサシステムは同じ周波数のSAW共振子9個から構成されている。9個のうち8個のSAW共振子表面には異なる膜が塗布されている。残り1個は参照用である。参照用SAW共振器は温度補償のために利用されるため,ガス分子が吸着しないように密封されている。

8個の異なる高分子膜を塗布した,SAW共振器ガスセンサを用いた測定値

6.1 ガスセンサ

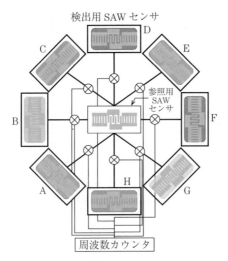

図 6.1 A～Hの8種類の異なる膜を塗布した8個のSAW共振器と1個のリファレンスSAW共振器から構成されるガスセンサ

の一例を**図 6.2**に示す。図中に示した8種類の高分子膜を8個のSAW共振子上に塗布している。液体試料をガスセンサで測定するため，**図 6.3**に示す試料ガスの生成方法例のように，乾燥空気でバブリングすることによりガス成分のみをSAWガスセンサまで導いた。測定値よりリファレンス用SAW共振器との周波数差は膜材料によって異なることがわかる。この応答からガス種を評価する。

図 6.4は，図6.2と同様に測定した5種類の試料に対する周波数変化の最大値を，レーダチャートにプロットした結果である。2種類のコーラに対する測定値は水に対する測定値と似ていることがわかる。一方，オレンジとアップルの測定値もよく似ている。このように，パターンを用いて試料を判断することができる。ただし，この測定で用いられている高分子膜は清涼飲料水測定に最適な材料ではない。測定対象に応じて最適な膜材料の選択が必要となる。SAWをはじめとする弾性波を用いたガスセンサの応答評価には，統計的手法

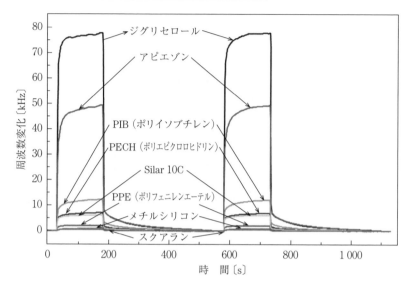

共振周波数が 433 MHz の 2 ポート SAW 共振子（圧電結晶は ST カット水晶を使用）を用いて測定。

図 6.2 8 個の異なる高分子膜を装荷した SAW 共振器ガスセンサを用いた測定値の一例（測定試料：コカコーラライト）

図 6.3 試料ガスの生成方法例

である**多変量解析**（multivariate analysis）や，**ニューラルネットワーク**（neural network：NN）を利用することも多い。これらの手法を適用したセンサ応答評価の例は 6.4 節で述べる。

前記②の例として，ガスクロマトグラフィで利用されるガスカラムと SAW ガスセンサの組合せによるガス種と濃度検知方法を**図 6.5** に示す。カラムをサンプルガス種が通過する際，カラム内の充塡剤により時間的にガス種が分離される。このため，少ない個数の SAW ガスセンサでガス種とその濃度を

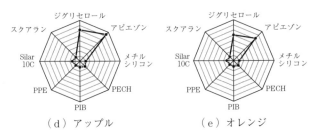

最大値をレーダチャート上にプロットすることにより，
測定試料間の類似性や違いを知ることができる。

図 6.4 5 種類の試料に対する周波数変化の最大値

図 6.5 ガスクロマトグラフィで利用されるガスカラムと
SAW ガスセンサの組合せによるガス種と濃度検知方法

検知することができる。検出部に SAW ガスセンサを利用していることにより，小型，軽量で可搬型のガス検知システムが実現できる。このシステムは Electronic Sensor Technology, Inc. により 2000 年頃に製品化されている[1]。検出部に平板型の SAW ガスセンサではなく，水晶球を周回する SAW を利用したボール SAW ガスセンサも，山中らにより提案されている[2]。ボール SAW センサでは，SAW は複数回球上を周回するため，伝搬距離が平板型 SAW センサに比べて長くなる。このため，センサ感度も高く，また空気へのエネルギー漏洩も検知できるという特徴がある[3]。

6.2 バイオセンサ

6.2.1 バイオセンサとは

バイオセンサの例として，免疫反応を測定する免疫センサの模式図を図 6.6 に示す。免疫反応とは**抗体**（antibody）と**抗原**（antigen）の反応である。この反応から直接電気的出力信号を得ることができない。反応を電気信号に変換する役割を果たすのが**トランスデューサ**（transducer）である[4]。トランスデューサとして，弾性波センサや光センサなどさまざまなセンサが利用されている。

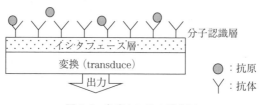

図 6.6 免疫センサの模式図

弾性波センサでは，免疫反応を機械的摂動による弾性波の変化として検知し，IDT など電極で圧電効果により電気信号へと変換する。模式的に「Y」字形で表現される抗体（図 6.7）は，抗原と二つの部位（Fab（fragment antigen binding）領域）で結合可能である[5]。反応部位がトランスデューサ側になると抗原と結合できない。トランスデューサ表面に抗体の Fc（fragment crystallizable）領域を向けて固定化するため，インタフェース層が設けられてい

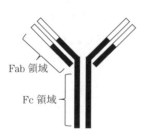

図 6.7 抗体（IgG）の模式図[5]

6.2 バイオセンサ

る。例えば，トランスデューサ表面が金の場合，チオール基（-SH，S：硫黄，H：水素）が金と結合しやすいことを利用して，チオール基を有する分子の自己組織化膜を金膜上に形成する。自己組織化膜の末端に抗体 Fc 領域と選択的に結合する分子があると，Fc 領域がトランスデューサ表面方向を向いてトランスデューサ上に固定化される。抗体のかわりに酵素を固定化すると，酵素による基質の分解反応を検出する**酵素センサ**（enzyme sensor）が実現できる。ほかに，一本鎖 DNA のハイブリダイゼーションを利用した DNA センサ，特定の分子と特異的に結合する核酸分子やペプチド（アプタマーと呼ばれる）を用いたアプタマーセンサも研究されている。

6.2.2 免疫センサ

SH-SAW センサを用いた免疫反応の測定原理を**図 6.8** に示す。図（a）は，センサ上に固定化した抗体に抗原が結合している様子を示している。試料液体中の抗原がセンサ表面上の抗体と反応する。この反応による時間応答の模式図が図（b）である。このように，SH-SAW センサなど弾性波を用いたセンサの利点は，標識抗体を必要とせず免疫反応を**実時間測定**（real time monitor-

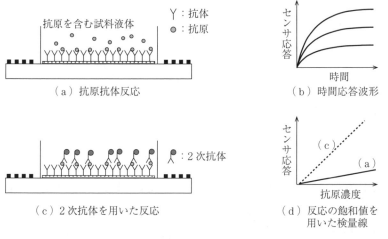

図 6.8　SH-SAW センサを用いた免疫反応の測定原理

ing) できることである。この結果, **その場診断**(point of care diagnosis) が可能となる。また, 図 (c) は, センサ応答を増加させるため 2 次抗体をさらに追加した場合である。この方法は一般的に**サンドイッチ法**(sandwich method) と呼ばれる。2 次抗体は, 抗体と結合している抗原とのみ反応する。図 (d) は, 抗原濃度とセンサ応答の飽和値の関係である。サンドイッチ法により高感度化が可能である。

希薄な抗原濃度を検出する場合には, **競合法**(competition method) を利用することもできる。**図 6.9** (a) のように, 試料液体に含まれる抗原量が少ない場合, 抗原濃度に対するセンサ応答は小さく, センサ上に固定化された抗体はほとんど抗原と結合していない。そこで, あらかじめ抗原と反応させた抗体を追加することにより, 図 (b) のように, 図 (a) で抗原と結合していない抗体と結合することができる。このため, 図 (c) に示すように, 最初に滴下する試料液体の抗原濃度が小さいほどセンサ応答は大きくなる。このように間接的な手法を用いてセンサ応答を増加することができる。

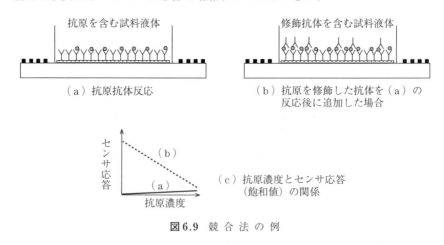

図 6.9 競合法の例

実際に水晶基板を用いた SH-SAW センサによる HSA 抗体反応の測定結果を**図 6.10** に示す[6)〜8)]。機械的摂動に対して高感度な 36°Y カット 90°X 伝搬水晶上を伝搬する SH-SAW を用い, ヒト血清アルブミン (human serum albumin:HSA) の測定が行われた。SH-SAW センサの周波数は 250 MHz であ

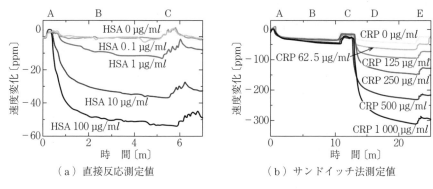

図6.10 水晶基板を用いたSH-SAWセンサによる
HSA抗体反応の測定値[6]

る。金で作成された伝搬面上にHSAに対する抗体が固定化された。図6.10（a）は免疫反応の時間応答である。図中のAはセンサ上にバッファ溶液を載せたときの応答，Bは濃度の異なるHSA溶液を滴下したときの応答（図6.8（b）に対応），CはHSA溶液からバッファ溶液に交換したときの応答である。AとCの差が変化量となり，検量線（図6.8（d）に対応）を得る。また，図6.10（b）は，図6.8（c）に対応する結果である。HSAと抗HSA抗体の反応の後，CRP（C-reactive protein）溶液がさらに追加された。DはCRP滴下による反応，Eはバッファ溶液に置き換えたときの応答である。AとCの差とAとEの差を比較すると，センサ応答が増加していることがわかる。また，CRPの濃度を濃くすることによりセンサ応答が増加している。このように，サンドイッチ法を用いるとセンサの応答を増加させることができる。免疫反応を利用して，トリニトロトルエン（TNT）や有害物質の検出も試みられている。すでにTNTに対する抗体（anti-TNT抗体）も開発されており，免疫反応を利用して抗原であるTNTを検出することができる[9]。

　免疫センサの検出原理を理解することは重要である。一般的に，抗原抗体反応により生じる質量変化が，弾性波センサを利用した免疫反応の検出原理として知られている。質量負荷に対する弾性波センサの周波数変化の2乗に比例するので（4.1節および4.3節参照），高周波弾性波センサほど免疫反応を高感

度検出できるといわれている。しかし，免疫反応で用いた抗原と抗体の濃度より予想される変化量が実際の測定値よりも小さいことより，抗原抗体反応に伴う粘弾性変化の寄与が質量負荷による寄与よりも大きいことが数値解析により示されている[10]。サンドイッチ法や競合法を利用することを考えれば，必ずしも周波数が高い弾性波センサを必要としない。それよりも時間的に変動の少ない高 SN 比であること，すなわち高い信頼性を持つことが重要である。

6.2.3 酵素センサ

酵素は触媒であり，基質を分解するので，酵素センサはその生成物を検知する。酵素には，酸化還元酵素，加水分解酵素などの種類が存在する[11]。例えば，**グルコースオキシダーゼ**（glucose oxidase：GOD）は**酸化還元酵素**（oxidoreductases），**ウレアーゼ**（urease）は**加水分解酵素**（hydrolase）である。GOD は血糖値センサに利用されている。グルコースが GOD により分解されると生じる生成物を検知するセンサ（グルコースセンサ）は，すでに実用化されている。しかし，SH-SAW をはじめとする弾性波センサによる GOD 反応の測定はあまり行われていない。グルコースセンサの場合，GOD の反応前後で液体の物性値変化が小さく，生成物の過酸化水素を検知対称としている。弾性波センサで測定するには過酸化水素検知膜も設ける必要があり構造が複雑となる。一方，加水分解酵素による反応では，基質がイオンに分解されることが多い。イオンの量が増えることは導電率の増加につながるため，電気的摂動を検出原理とする弾性波センサによりウレアーゼによるウレア分解反応の検知が可能となる。なお，ウレアーゼによる**尿素**（urea）の分解反応では，尿素がつぎのように分解される。

$$(NH_2)_2CO + 2H_2O + H^+ \xrightarrow{\text{ウレアーゼ}} 2NH_4^+ + HCO_3^- \qquad (6.1)$$

$36YX\text{-}LiTaO_3$ を伝搬する SH-SAW を利用したこの反応の検出が試みられた[12]。触媒であるウレアーゼはセンサ表面へ固定化された。固定化方法は以下のとおりである[13]。

① 1 wt%のγ-アミノプロピルトリエトキシシラン水溶液を1 500 rpm で SH-SAW センサ上に塗布。
② 110℃で5分間加熱。
③ 5 wt%グルタルアルデヒド水溶液,20 wt%ウレアーゼ水溶液,28 wt%ウシ血清アルブミン/50 mM PIPES-NaOH 混合水溶液を2:3:5で混合し,2 000 rpm で SH-SAW センサ上に塗布。
④ 2時間室温で乾燥。

ここで,50 mM PIPES-NaOH 混合水溶液は 50 mM の PIPES 水溶液と NaOH を混合し,pH=6.8となるように調整した水溶液である。なお,さまざまな酵素の固定化方法は文献11)にまとめられている。図6.11に,伝搬面のみにウレアーゼを固定化したSH-SAWセンサの写真を示す。

SH-SAW センサを用いた尿素分解反応の測定値を図6.12に示す。比較のた

図6.11 伝搬面のみにウレアーゼを固定化したSH-SAWセンサ

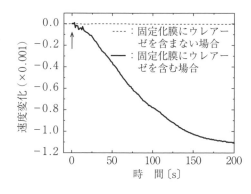

矢印は尿素溶液を滴下した時間を表す。

図6.12 固定化膜内にウレアーゼを含む場合(実線)と含まない場合(破線)のSH-SAWセンサを用いた尿素分解反応の測定値[8]

め，ウレアーゼを含まない固定化膜を用いた測定も行われた．SH-SAW センサ上にバッファ水溶液（ヘペス水溶液に NaOH 水溶液と NaCl 水溶液を加えた pH=7.5 に調整した水溶液）を滴下し，9 mM の尿素/バッファ水溶液を図中の矢印の点で滴下した．ウレアーゼを含まない場合（破線），センサ出力は変化しない．しかし，固定化膜内にウレアーゼが含まれていると（実線），式 (6.1) の反応が進行して導電率が変化する．その結果，SH-SAW センサの応答も変化する．

図 6.13 に，尿素濃度に対する速度変化の飽和値（検量線）を示す．人間の血液中の尿素濃度は正常時 3.3～6.7 mM である．腎臓病や心臓病になると血中の尿素度が増加する[14]．SH-SAW センサはこの濃度を十分検出可能である．酵素反応には阻害反応も存在する．阻害する媒質が存在することにより，酵素の反応部位がブロックされ正常な酵素反応が生じない．酵素の阻害反応の例として，コリンエステラーゼによるアセチルコリン分解反応検出が行われている[15]．阻害物質としてフェニトロチオンが存在することにより，アセチルコリンの分解に伴う SH-SAW の変化が小さくなることが実験的に確認され，阻害反応検出にも利用できることが示された．

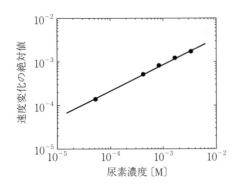

図 6.13 尿素濃度に対する速度変化の飽和値（検量線）

6.3 多変量解析を用いた液体識別

6.3.1 多変量解析

多変量解析は統計解析の一つであり，多くの変量に対するさまざまな解析法の総称である。例えば，多変量解析としてよく利用されているのは回帰分析，主成分分析，判別分析，因子分析である[16)～18)]。これらの解析方法の詳細は多くの書籍が出版されているので，本書では，**主成分分析**（principal component analysis）と**判別分析**（discriminant analysis）について簡単に説明する[17)]。

主成分分析は次元を減少させる手法である。多変量の測定値をそのまま図として表現することは困難である。そこで，多変量を少数の変量で表すことを考える。**表6.1**に示す変量（センサ応答数）と測定試料の関係を例に説明する。もとの変量（センサ応答）を x_1 から x_p，変換された変量を z_1 から z_p とする。両者の関係は[17)]

$$z_n = a_{1n}x_{1n} + \cdots + a_{pn}x_{pn} \tag{6.2}$$

で表される。ここで，a は固有ベクトル $a_n = (a_{1n}, \cdots, a_{pn})$，$n$ は測定試料の数である。すべての測定値を用いて固有ベクトルを求め，右辺に測定値を代入して z_n を求める。z_n の値が大きい順に第1主成分，第2主成分，…，第 p 主成分となる。このとき，寄与率と呼ばれる値も各 z_i に対して求められる。寄与率は，もとの情報を100％としたとき，その情報の何％を各主成分が持っているかを表す。寄与率は第1主成分が最も大きく，第 p 主成分が最も小さい。寄与率の総和は100％となる。得られた主成分を軸としたグラフを用いて評価

表6.1 変量（センサ応答数）と試料の関係

試料番号	変量（センサ応答数）		
	x_1	$\cdots$	x_p
1	x_{11}	$\cdots$	x_{p1}
$\vdots$	$\vdots$	$\vdots$	$\vdots$
n	x_{1n}	$\cdots$	x_{pn}

する。

判別分析では，仮想的空間において，同じ種類に対する測定値間の距離を短く，異なる種類群間の距離を大きくして判別する。**表6.2**に示す判別関数の例を考える（試料数 m，各試料に対する測定回数 n，センサ応答数 p の場合）。各試料に対して

$$G_m = a_{1m}x_1 + \cdots + a_{pm}x_p + C_m \tag{6.3}$$

で表される判別関数 G_m が求められる。ここで a_m と C_m は各試料に対する係数と定数である。試料に対する1組の測定値を式（6.2）に代入し，G_1 から G_m を計算する。最も大きくなった G を測定値の属する試料と判断する。

表6.2 判別関数の例（試料数 m，各資料に対する測定回数 n，センサ応答数 p の場合）

	試料1				試料 m		
測定回数	センサ応答			測定回数	センサ応答		
	x_1	$\cdots$	x_p		x_1	$\cdots$	x_p
1	$x_{11}^{(1)}$	$\cdots$	$x_{p1}^{(1)}$	1	$x_{11}^{(m)}$	$\cdots$	$x_{p1}^{(m)}$
2	$x_{12}^{(1)}$	$\cdots$	$x_{p2}^{(1)}$	2	$x_{12}^{(m)}$	$\cdots$	$x_{p2}^{(m)}$
$\vdots$	$\vdots$	$\vdots$	$\vdots$	$\vdots$	$\vdots$	$\vdots$	$\vdots$
n_1	$x_{1n}^{(1)}$	$\cdots$	$x_{pn}^{(1)}$	n_m	$x_{1n}^{(m)}$	$\cdots$	$x_{pn}^{(m)}$

6.3.2 多変量解析を利用した液体識別

多変量解析を利用した識別の最初の例は，水晶振動子を用いた匂いセンサである[19]。6.1.1項と同様に，同じ共振周波数を持つ水晶振動子を複数用意し，おのおのの水晶振動子上に異なる膜を塗布することにより，水晶振動子個々の対象ガス種に対する感度を変えて識別している。液体を測定対象とする場合，センサ上に識別用の高分子膜を装荷すると液体による膨潤などが生じ，センサ応答が不安定となることがある。このため，バイオセンサ用途以外の場合，液体測定で膜を利用しないで所望の測定ができることが好ましい。電気的摂動に対する式（5.34），（5.35）より，センサ出力と周波数の間には線形関係が成立していないことがわかる。そこで，異なる周波数を持つSH-SAWセンサを用いた液体識別が試みられた[20],[21]。

6.3 多変量解析を用いた液体識別

市販されている 11 種類の果汁 100％ジュースを，中心周波数が 30，50，100 MHz の SH-SAW センサを用いて測定した[20),21)]。用いた試料はまとめて**表 6.3**に示した。1 個の SH-SAW センサから速度変化と波数で規格化した減衰変化の応答が得られるので，一つの試料に対して 6 個のセンサ応答（変量）が存在する。

表 6.3 液体識別に利用した 11 種類の果汁 100％ジュース[21)]。製造会社の記号が同じものは同じ製造会社製である（記号は図 6.16 に対応）。

試　料	果　汁（産地）	製造会社	図中の記号
オレンジ 1	バレンシアオレンジ（フロリダ）	A	●
オレンジ 2	オレンジ（日本）	B	○
オレンジ 3	バレンシアオレンジ＋オレンジ（日本）	C	●
オレンジ 4	バレンシアオレンジ	D	●
オレンジ 5	バレンシアオレンジ	E	●
リンゴ	リンゴ	A	□
パイナップル	パイナップル	A	×
混　合	パイナップル＋バレンシアオレンジ	A	▲
プルーン	プルーン（カリフォルニア）	E	▽
グレープフルーツ	グレープフルーツ（フロリダ）	E	◇
ブドウ	ブドウ（ワシントン）	E	■

図 6.14は，5 種類の果汁 100％オレンジジュースに対する速度変化と波数で規格化した減衰変化を示している。図より各試料の違いを評価することは困難である。そこで測定値の主成分分析が行われた。第 1 主成分を横軸，第 2 主成分を縦軸とした主成分分析結果を**図 6.15**に示す。図より 5 種類の果汁 100％オレンジジュースが第 1 主成分と第 2 主成分からなる 2 次元平面で分離できていることがわかる。寄与率は第 1 主成分が 57.7％，第 2 主成分が 19.7％である。つまり，図 6.15 はもとの情報の 77.4％を有していることになる。言い換えれば，情報損失は 22.6％である。試料 4 と 5 の第 1 主成分は同じであるのに対し，それ以外は異なる値となっている。このことより，試料 1〜3 と，試料 4 および 5 は，第 1 主成分で識別することができる。試料 4 と 5 を識別するには，第 2 主成分が必要である。

6. 弾性表面波センサを用いた応用測定

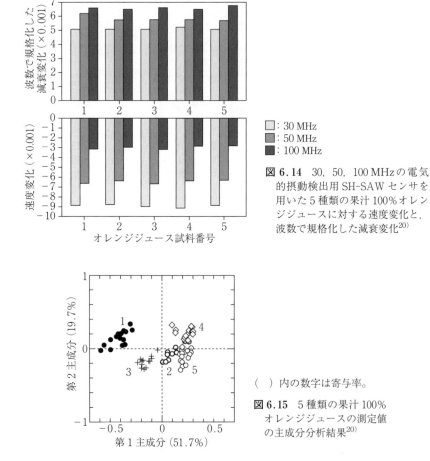

図 6.14 30, 50, 100 MHz の電気的摂動検出用 SH-SAW センサを用いた 5 種類の果汁 100% オレンジジュースに対する速度変化と, 波数で規格化した減衰変化[20]

( ) 内の数字は寄与率。

図 6.15 5 種類の果汁 100% オレンジジュースの測定値の主成分分析結果[20]

　表 6.3 に示す 11 種類の果汁 100% ジュースに対する測定値を, 主成分分析により識別した。第 1 主成分を横軸, 第 2 主成分を縦軸として表現した結果が図 6.16 である[20],[21]。図より果実の種類ごとにグループ分けされていることがわかる。例えば, パイナップルとオレンジを混合した試料は, オレンジとパイナップルの間に位置していることがわかる。果実の種類識別に限れば第 1 主成分のみで可能である。このため, 第 1 主成分の寄与率は 96.1% と非常に高い。第 2 主成分の寄与率が 1.9% なので, この平面でもとの情報の 98% を有している。このように, 測定値からは違いを判断しにくい場合, かつ変量 (セン

6.3 多変量解析を用いた液体識別

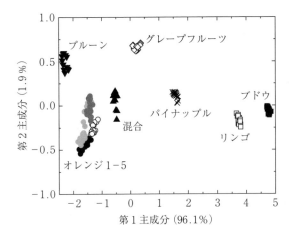

図 6.16 11 種類の果汁 100%ジュースの主成分分析結果[20],[21]

サ応答）の数が多い場合，試料の違いを知る手法として主成分分析は有用である。

すべての試料に対する判別分析の結果を**表 6.4** に示す。主成分分析から予測できるように，すべての試料に対して正解率が 100%となっている。また，判別分析を利用して，測定に用いた SH-SAW センサの周波数組合せについて検討した。**表 6.5** は SH-SAW センサ周波数とそのときの正解率の平均値を示し

表 6.4 11 種類の果汁 100%ジュースに対する判別分析結果[21]

試料	測定回数	正解率〔%〕	判別分析結果										
			オレンジ1	オレンジ2	オレンジ3	オレンジ4	オレンジ5	リンゴ	パイナップル	混合	プルーン	グレープフルーツ	ブドウ
オレンジ1	15	100	15	0	0	0	0	0	0	0	0	0	0
オレンジ2	15	100	0	15	0	0	0	0	0	0	0	0	0
オレンジ3	15	100	0	0	15	0	0	0	0	0	0	0	0
オレンジ4	15	100	0	0	0	15	0	0	0	0	0	0	0
オレンジ5	15	100	0	0	0	0	15	0	0	0	0	0	0
リンゴ	15	100	0	0	0	0	0	15	0	0	0	0	0
パイナップル	15	100	0	0	0	0	0	0	15	0	0	0	0
混合	15	100	0	0	0	0	0	0	0	15	0	0	0
プルーン	15	100	0	0	0	0	0	0	0	0	15	0	0
グレープフルーツ	15	100	0	0	0	0	0	0	0	0	0	15	0
ブドウ	15	100	0	0	0	0	0	0	0	0	0	0	15

表 6.5 判別分析を利用した 11 種類の果汁 100% ジュースの測定に用いた SH-SAW センサと,そのときの正解率の平均値[21]

	SH-SAW センサの周波数の組合せ						
	30	50	100	30, 50	30, 100	50, 100	30, 50, 100
正解率〔%〕	80.6	89.7	86.7	97	94.5	96.4	100

ている。表より,30,50,100 MHz の SH-SAW センサを用いたときが最も正解率が高い。このように,判別分析を利用すれば用いるセンサの妥当性の検討も可能である。

13 種類の市販されているウイスキーを測定試料とした識別も行われた[21]。**表 6.6** は液体識別に利用した試料一覧である。11 種類の果汁 100% ジュースの識別と同様に 30,50,100 MHz の SH-SAW センサを用いて測定が行われた。13 種類のウイスキーの主成分分析結果を**図 6.17** に示す。図の第 1 主成分の寄与率は 63.1%,第 2 主成分の寄与率は 26.4% であり,この 2 次元平面でもとの情報の約 90% を表している。アルコール度数の等しい試料は近い位置に位置している。しかし,"山崎"のみは,ほかのアルコール度数 43% の試料と位置が異なる。"山崎"はピュアモルトウイスキー,ほかはモルトとグレーンのブレンデッドウイスキーである。主成分分析を利用することにより成分の違い

表 6.6 液体識別に利用した 13 種類のウイスキー[21]

試料名	アルコール度数〔vol%〕	導電率〔μS/cm〕	図中の記号
Red	39	68.2	■
White	40	42.6	□
白 角	40	36	⊕
角	43	38.7	●
Old	43	48.2	△
Reserve	43	47.2	▲
Royal	43	60.1	▼
Crest12	43	53.9	▽
Excellence	43	83	◆
Aging15	43	78.5	◇
山 崎	43	60.5	○
響	43	59.1	+
Imperial	43	69	×

(備考) 図中の記号は図 6.17 に対応している。

6.3 多変量解析を用いた液体識別

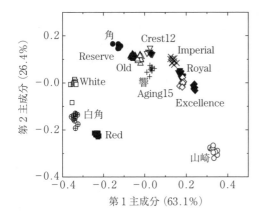

図 6.17 13種類のウイスキーの主成分分析結果[22]

( ) 内の数字は寄与率。

を識別できることがわかる。

また，表 6.7 は判別分析結果である。一部に誤認識はある。しかし，全体の正解率は 97.7% である。表 6.8 は測定に利用した SH-SAW センサの周波数妥当性の検証結果である。表より一つのセンサを用いた場合の正解率は周波数が高くなるほど小さくなることがわかる。また，複数のセンサを用いたときの正解率は 30 MHz の SH-SAW センサに対する正解率とほとんど同じである。これらのことから，主成分分析結果に対しても 30 MHz の SH-SAW センサの影

表 6.7 13種類のウイスキーに対する判別分析結果[22]

試料名	測定数	正解率 [%]	判 別 結 果												
			R	W	白角	角	O	Re	Ro	C	E	A	山崎	響	I
Red	10	100	10	0	0	0	0	0	0	0	0	0	0	0	0
White	10	90	0	9	1	0	0	0	0	0	0	0	0	0	0
白角	10	100	0	0	10	0	0	0	0	0	0	0	0	0	0
角	10	100	0	0	0	10	0	0	0	0	0	0	0	0	0
Old	10	100	0	0	0	0	10	0	0	0	0	0	0	0	0
Reserve	10	100	0	0	0	0	0	10	0	0	0	0	0	0	0
Royal	10	100	0	0	0	0	0	0	10	0	0	0	0	0	0
Crest12	10	90	0	0	0	0	0	0	0	9	1	0	0	0	0
Excellence	10	90	0	0	0	0	0	0	0	1	9	0	0	0	0
Aging15	10	100	0	0	0	0	0	0	0	0	0	10	0	0	0
山 崎	10	100	0	0	0	0	0	0	0	0	0	0	10	0	0
響	10	100	0	0	0	0	0	0	0	0	0	0	0	10	0
Imperial	10	100	0	0	0	0	0	0	0	0	0	0	0	0	10

6. 弾性表面波センサを用いた応用測定

表 6.8 判別分析を利用した 13 種類のウイスキー測定に用いた SH-SAW センサの周波数選択妥当性の検証結果[22]

	センサ周波数						
	30	50	100	30, 50	30, 100	50, 100	30, 50, 100
正解率 [%]	96.9	85.4	70	93.8	97.7	97.7	97.7

響が強いと予想される。

　主成分分析結果と比較するため，30 MHz の SH-SAW センサを用いた測定の平均値が比誘電率-導電率図表にプロットされた（**図 6.18**）。アルコール度数の違いが比誘電率の違いとして現れている。また，同じアルコール度数の試料に対しては，導電率の違いで識別できることがわかる。図 6.17 では，アルコール度数の違いは図 6.18 ほど明確ではない。また，"山崎"に対する結果を比べると，図 6.18 では図 6.17 のような違いは見られない。このため，30 MHz の SH-SAW センサの応答だけでは成分由来の違いを知ることはできない。

　表 6.4 と表 6.7 の判別分析ではどちらも測定値を用いて式 (6.4) の係数と定数を求め，同じ測定値を代入して評価している。このため，高正解率となる

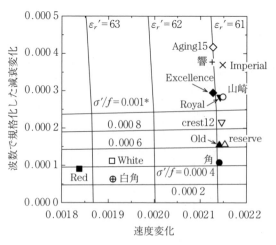

図 6.18 比誘電率-導電率図表を用いた 30 MHz の SH-SAW センサによる 13 種類のウイスキーの測定値の評価

のは当然である．実際の応用で知りたいのは，未知試料が何かということである．そこで，表6.7の判別分析を行うために求めた判別関数に新しい測定値を代入した判別が行われた[21]．その結果，**表6.9**に示すように表6.7とほぼ同じ正解率で判別できることがわかった．

表6.9 表6.7の判別分析過程で求めた判別関数を用いた新しい測定値の判別結果[21]

試料名	測定数	正解率〔%〕	判別結果											
			R	W	白	角	O	Re	Ro	C	E	A	山	響	I
Red	10	100	10	0	0	0	0	0	0	0	0	0	0	0	0
White	10	90	0	9	1	0	0	0	0	0	0	0	0	0	0
白 角	10	100	0	0	10	0	0	0	0	0	0	0	0	0	0
角	10	100	0	0	0	10	0	0	0	0	0	0	0	0	0
Old	10	100	0	0	0	0	10	0	0	0	0	0	0	0	0
Reserve	10	100	0	0	0	0	0	10	0	0	0	0	0	0	0
Royal	10	100	0	0	0	0	0	0	10	0	0	0	0	0	0
Crest12	10	90	0	0	0	0	0	0	0	10	0	0	0	0	0
Excellence	10	90	0	0	0	0	0	0	0	0	9	1	0	0	0
Aging15	10	100	0	0	0	0	0	0	0	0	0	10	0	0	0
山崎	10	100	0	0	0	0	0	0	0	0	0	0	10	0	0
響	10	100	0	0	0	0	0	0	0	0	0	0	0	10	0
Imperial	10	100	0	0	0	0	0	0	0	0	0	0	0	0	10

SH-SAWセンサを用いた液体識別は，ほかにも行われており，味覚センサへの応用することも検討されている[22]．しかし，でんぷんのような味のない媒質に対してもSH-SAWセンサは応答する．このため，厳密には人間の味覚を検知することは困難である．測定対象を限定すれば，人間の味覚以上に試料の違いを識別することが可能となるので，例えば，製造過程のモニタリングなどに適用可能である．

6.3.3 多変量解析を利用した混合液体評価[23]

主成分分析を利用したセンサ応答評価のほかの例として，アルコール発酵のモデル実験について述べる．アルコール発酵は酵母による作用であり，グルコースからアルコールが生成される．そこで，グルコース水溶液とエタノール水溶液およびその混合水溶液の評価が行われた．用いられたSH-SAWセンサ

の中心周波数は 50 MHz である。機械的摂動と電気的摂動の両方を同時に評価するため，図 6.19 に示す 3 チャネル SH-SAW センサが提案されている。チャネル 1 の伝搬面に基準液体，チャネル 2 と 3 の伝搬面に試料液体を負荷する。チャネル 1 と 2 の差動出力より SH-SAW と液体の機械的摂動を，チャネル 2 と 3 の差動出力より SH-SAW と液体の電気的摂動を得ることができる。このため，1 回の測定で得られるセンサ出力はチャネル 1 と 2 の間，またはチャネル 2 と 3 の間の位相差と振幅比の 4 個となる。

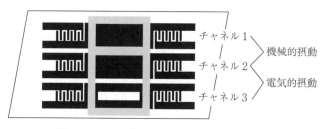

図 6.19 3 チャネル SH-SAW センサの概略図

異なる濃度のグルコース水溶液とエタノール水溶液の測定値を図 6.20 に示す。どちらも非電解質水溶液のため，値は異なるがその傾向は似ていることがわかる。濃度増加に伴い粘度が増加するので，チャネル 1 と 2 の位相差と振幅比は減少している。一方，比誘電率は濃度増加に伴い減少するので，チャネル

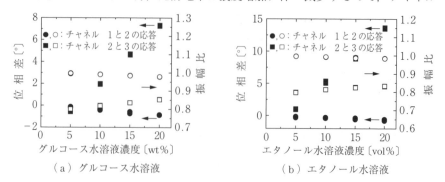

図 6.20 異なる濃度のグルコース水溶液とエタノール水溶液の測定値

2と3の位相差は増加している.しかし,図6.20の表現では混合液体の評価は困難である.そこで,主成分分析により測定値の解析が行われた.センサ応答は4個なので第4主成分まで得られる.このうち,第1主成分と第2主成分を用いて平面表示した結果が**図6.21**である.

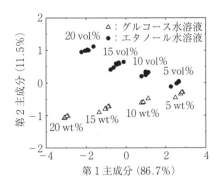

図6.21 グルコース水溶液とエタノール水溶液の主成分分析結果

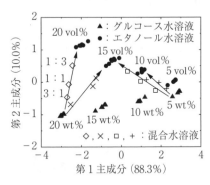

図6.22 グルコース水溶液とエタノール水溶液および混合溶液の主成分分析結果

第1主成分の寄与率が86.7%,第2主成分の寄与率が11.5%であるので,この平面はもとの情報の約98%を表している.図より,第1主成分は試料の濃度,第2主成分のプラス側がエタノール水溶液,マイナス側がグルコース水溶液を表していることがわかる.また,図より濃度ごとにグループ分けされているので,グルコースとエタノールの混合水溶液も評価可能であることが推測できる.そこで,グリセリン水溶液とエタノール水溶液の20 wt%と20 vol%,20 wt%と15 vol%,5 wt%と15 vol%,5 wt%と10 vol%をそれぞれ混合比3:1,1:1,1:3で混ぜて測定し,すべての測定値を主成分分析により評価した.

図6.22に分析結果を示す.図中の矢印はエタノール水溶液量増加方向を表している.図よりエタノールの割合が多くなることによりエタノール水溶液の結果に近づくことがわかる.このように,主成分分析を用いると混合水溶液の評価も可能となる.

6.4 ニューラルネットワークを用いた電解質水溶液識別

6.4.1 ニューラルネットワーク[24]

ニューラルネットワーク (NN) または**人工知能** (artificial intelligence：AI) と組み合わせたセンサ応答評価も古くから行われている。一般的な階層型ニューラルネットワークと一つのユニットの構成を**図 6.23** に示す。

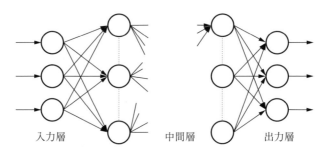

(a) 抗原抗体反応

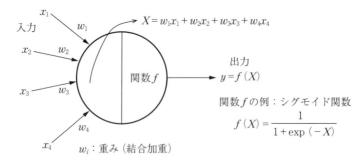

(b) ユニット

図 6.23 階層型ニューラルネットワークと一つのユニットの構成

階層型ニューラルネットワーク (layered neural networks) は，**入力層** (input layer)，**中間層** (hidden layer)，**出力層** (output layer) から構成される。第 2 世代 AI では中間層は 1 層または小数が多かったため，各ユニットの学習

にはバックプロパゲーション法（back propagation method）が利用されていた。第3世代の AI では中間層が多くネットワーク構造も複雑になるため，ディープラーニング法による学習が行われている。本書ではバックプロパゲーション法を利用した例について紹介する。

6.4.2 液体フローシステムを用いた測定[25]

液体の測定方法は，① 液体中にセンサを浸すプローブ型，② センサの上に液体をシリンジなどで滴下する開放型，③ 送液ポンプと密閉系フローセルを利用して液体を自動的に流す密閉型の三つに大別できる。① や ② はガスセンサでは実現困難な形状であり，簡単に対象液体の測定が可能な液体測定用センサの一つの特徴である。① と ② の測定で得られる値は定常値であり，基準液体から試料液体に変化する過程の**過渡応答**（transient response）を得ることはできない。しかし，③ では過渡応答も測定可能となる。また，このような連続的に試料を流す測定は，バイオセンサやガスセンサでは一般的である。

図 6.24 は，液体を自動的に流して測定するために利用されたシステムの構成例である。パソコン（PC）により制御された電磁弁により SH-SAW センサに流す液体を選択することができる。このシステムを用いて測定した結果の一例が図 6.25 である。導電率を 0.5 S/m としたので飽和値は電解質が異なっても等しい。しかし，過渡応答に電解質の違いを見ることができる。NaCl 水溶

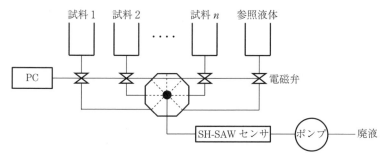

パソコン（PC）で制御された電磁弁によって SH-SAW センサに供給する液体を選択できる。

図 6.24 液体フローシステムの構成例

100   6. 弾性表面波センサを用いた応用測定

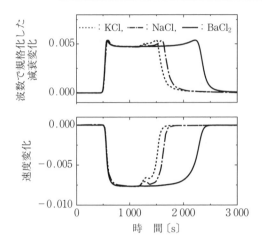

図 6.25 液体フローシステムを用いた導電率 0.5 S/m の電解質水溶液測定例[25]

液に対するセンサ応答を比誘電率-導電率図表にプロットした結果が図 6.26 である。立ち上がり（実線）と立ち下がり（破線）の応答が重なっているので，比誘電率と導電率の違いが過渡応答の違いの原因ではない。

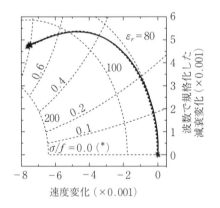

実線：立ち上がり，破線：立ち下がり（＊：×10^{-8}(S/m)/Hz）。

図 6.26 比誘電率-導電率図表を用いた NaCl 水溶液に対するセンサ応答の結果[23]

過渡応答に電解質の違いが現れる原因を調べるため，図 6.27 に示すように SH-SAW センサのフローセルの流入・流出口の方向を変えた実験が行われた。測定試料は導電率が等しく分子量の異なる電解質水溶液である。図 (a) と図 (b) でまったく異なる結果が得られている。図 (a) の場合，分子量の最も小さい HCl 水溶液は，立ち上がりが最も遅く立ち下がりが最も速いのに対し，分子量の最も大きい $BaCl_2$ 水溶液は，立ち上がりが最も速く立ち下がりは最

6.4 ニューラルネットワークを用いた電解質水溶液識別

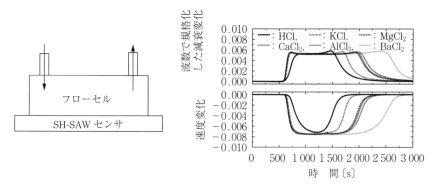

（a） 流入・流出口が上の場合

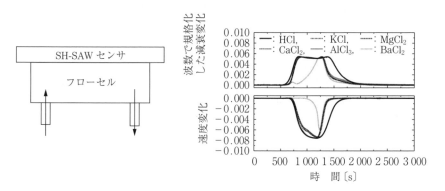

（b） 流入・流出口が下の場合

図 6.27 SH-SAW センサのフローセルへの試料液体の流入・流出口の方向を変えた場合の測定値[23]

も遅い。ほかの電解質水溶液は HCl と $BaCl_2$ の間に分子量の順番に位置している。一方，図（b）ではその傾向が逆になっている。$BaCl_2$ の立ち上がりが最も遅く，立ち下がりは最も速い。液体の電気的特性測定は，圧電結晶表面で発生するポテンシャル分布の変化に依存する。ポテンシャルは SH-SAW センサ表面近傍に局在している（図 5.1 参照）。分子量に応じた結果が得られたことにより，フローセル内でのイオン分布に重力が関係していると仮定した。図（a）の場合，流入・流出口はフローセルの上にある。分子量の大きいイオンほどポテンシャルが局在する領域に到達する時間が短いので，立ち上がりが速

くなる。一方，立ち下がりでは重力の影響により上から抜けにくいため，分子量の大きい電解質ほど基準状態に戻る時間が長くなる。図（b）の場合は流入・流出口が下部にあり，SH-SAW センサは上部に設置されている。分子量の大きい電解質はポテンシャルが局在している領域に到達するのに時間がかかるのに対し，立ち下がりは重力の効果で速くなる。このように，分子量と重力が過渡応答に電解質に応じた違いが現れたと考えるのが妥当である。このことはまた，SH-SAW センサは流量が小さい場合にはイオンに働く重力の影響を測定できることがわかる。

6.4.3　ニューラルネットワークを用いた電解質の識別[23]

ニューラルネットワークを利用して，液体フローシステムの測定値より電解質を識別するための手法を説明する。時間応答すべてをニューラルネットワークの入力データとすることはできない。そこで，特徴点を抽出する必要がある。飽和値は導電率と関係するため，飽和値は導電率決定に利用できる（**図 6.28**）。

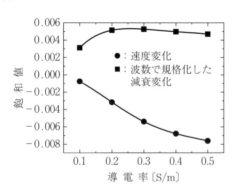

図 6.28　導電率と飽和値の関係[23]

しかし，飽和値は電解質に依存しないため，ニューラルネットワークの入力データとして好ましくない。そこで，電解質の違いが最も現れる過渡応答である飽和値の 10％ または 90％ となる立ち上がりと立ち下がりの時間差に着目した。速度変化と波数で規格化した減衰変化から，**図 6.29** に示すように抽出した時間差を以下のように規格化したデータを DB1，DB2 と名づけた（式

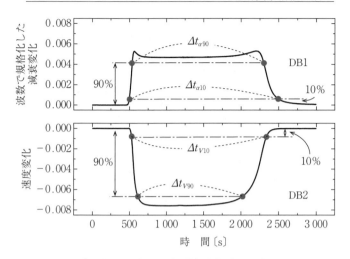

導電率 0.5 S/m,電解質水溶液（BaCl$_2$）
図 6.29 階層型ニューラルネットワークの入力データ DB1,DB2[25]

(6.4))。

$$\mathrm{DB1} = \frac{\Delta t_{\alpha 90}}{\Delta t_{\alpha 10}}, \quad \mathrm{DB2} = \frac{\Delta t_{V 90}}{\Delta t_{V 10}} \tag{6.4}$$

ここで，α と V は減衰定数と速度変化から抽出したことを表している。このように 90% の時間差と 10% の時間差の比をとることにより，測定環境依存性を低減できると考えられるので，**自己較正型レシオメトリック法**（self-calibrating ratiometric method）と名づけられている。式 (6.4) の DB1,DB2 をニューラルネットワークへの入力データベースとして利用するので，階層型ニューラルネットワークの入力層は 2 個のユニットから構成されることになる。測定対象を HCl,NaCl,BaCl$_2$ 各水溶液とする。3 種類それぞれを出力ユニットに当てはめるため，出力層のユニット数は 3 個としている。つまり，出力を HCl は (1, 0, 0),NaCl は (0, 1, 0),BaCl$_2$ は (0, 0, 1) と出力されるようにする。中間層は 1 層とし，5 個のユニットから構成される。**図 6.30**に，電解質水溶液識別に用いた階層型ニューラルネットワークの構造を示す。

この階層型ニューラルネットワークを代表的な導電率値に対して作成し，バックプロパゲーションにより各ユニットを学習させた。学習に使用した測定

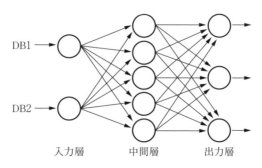

図 6.30 電解質水溶液識別に用いた階層型ニューラルネットワークの構造[23]

値または同時期に測定値を用いた識別結果を**表 6.10**に示す。出力ユニットが3個の電解質のパターンと異なった結果は未学習と評価している。KClとNaClは時間応答波形がほぼ同じである。このため，KClをNaClと誤認識している。

表 6.10 ニューラルネットワークを用いた識別結果

試 料	導電率計で測定した導電率〔S/m〕	推定した導電率〔S/m〕	識別結果	
HCl	0.5	0.491	HCl	○
NaCl	0.4	0.401	NaCl	○
BaCl$_2$	0.3	0.304	BaCl$_2$	○
HCl	0.47	0.46	HCl	○
NaCl	0.33	0.328	NaCl	○
BaCl$_2$	0.42	0.421	BaCl$_2$	○
LiCl	0.3	0.29	未学習	○
KCl	0.2	0.202	NaCl	×

6.5 センサ応答の推定

6.4節のニューラルネットワークを用いた電解質水溶液の識別では，立ち上がりと立ち下がりの時間差を利用した。このため，測定終了後しかデータを抽出できない。しかし，実際の応用では，初期応答から含まれている物質や飽和値を推測できれば迅速な評価につながる。バイオセンサの場合，弾性波センサ

の利点は実時間測定が可能な点である。センサの初期応答を利用した評価ができれば，その場診断が可能なバイオセンサとしてさらに好ましい。水晶を伝搬するSH-SAWセンサを用いて反応開始からの時間に着目した検討が行われた[26]。血清アルブミン（HSA）抗原を，水晶を基板として用いたSH-SAWセンサ上に固定化し，濃度の異なるHAS抗体溶液を滴下したときの時間応答の1分後，5分後，10分後より求められた検量線を図6.31に示す[26]。1分後の速度変化は抗体濃度とほぼ線形関係にある。この結果より，測定開始1分後の速度変化を利用することにより抗体濃度の推定が可能である。また，免疫反応の時間応答は，4係数ロジスティック曲線フィッティングにより表現することができる[26]。

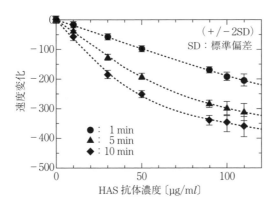

図6.31　HAS抗体濃度に対する測定開始1分後，5分後，10分後の速度変化から求めた検量線[26]

液体中に含まれるさまざまな物質（例えば環境汚染物質）の測定は重要である。地下水に含まれるベンゼン，トルエン，エチルベンゼン，キシレンなどの芳香族炭化水素を，SH-SAWセンサを用いて測定する方法について検討されている[27]。これらの芳香族炭化水素は，**非水相液体**（nonaqueous phase liquid：NAPL）で，かつ水より密度が小さいので，liquid NAPL（LNAPL）と呼ばれている。

測定には$36YX$-$LiTaO_3$を用いた中心周波数103 MHzの2チャネル遅延線

タイプ SH-SAW デバイスが利用されている。参照用 SH-SAW センサには poly（methyl methacrylate），検出用 SH-SAW センサには poly（epichlorohydrin）（PECH）などの高分子膜が装荷されている。これらの高分子は液体中でも膨潤しない。また装荷膜があるため，伝搬する波は**導波型 SH-SAW**（guided SH-SAW）となる。得られたセンサ応答に拡張カルマンフィルタを適用することにより，センサ応答の推測が行われた。**図 6.32** は，複数の LNAPL を含む液体の測定値と推定値を示している。推定値は測定値とよく一致していることがわかる。**図 6.33** は，推定濃度と実際の濃度の比較であり，両者はよく一致している。このようにセンサ応答を推定することは，実応用にとって非常に重要である。

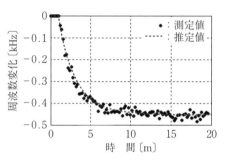

図 6.32 膜厚 0.6 μm の PECH を用いた LNAPL 試料（ベンゼン 197 ppb，トルエン 241 ppb，およびエチルベンゼンとキシレン 16 ppb）の測定値と推定値[27]

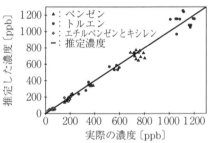

図 6.33 膜厚 0.6 μm の PECH を用いた測定値からの推定濃度と実際の濃度の比較[27]

6.6 層状構造を用いた弾性波センサの高感度化

1 章で紹介したラブ波センサ[28]は，SH-SAW が伝搬可能な圧電結晶表面に高分子などを装荷することにより，高感度化を目的としている。ラブ波の厳密な定義は，等方性媒質上に等方性薄膜が装荷された場合に伝搬する SH 波である[29]。近年では，異方性媒質である圧電結晶に薄膜を装荷した場合もラブ波

6.6 層状構造を用いた弾性波センサの高感度化

と呼んでいる。また，6.5節の導波型 SH-SAW という表現もある。ラブ波と導波型 SH-SAW の区別については計算例を用いて説明する。層状構造にした場合の伝搬速度の数値計算には，3章の解析方法を層状構造に拡張した手法が用いられている[30]。

図 6.34 に，解析に用いた層構造の座標系と異なる装荷膜に対する解析結果が示されている。図中の V_{ss} は 36YX-LiTaO$_3$ の遅い横波の伝搬速度を示している。伝搬速度が遅い横波の伝搬速度よりも遅くなると，波は装荷膜内のエネルギーを集中して伝搬するので，伝搬モードはラブ波となる。このため，厳密には遅い横波の速度より速い場合は導波型 SH-SAW，遅い場合はラブ波と区別しなければならない。ラブ波センサの感度について考える。図（b）の傾きは質量負荷に対するセンサ感度と考えることができる。結果よりセンサ感度は装荷する膜に依存することがわかる。高分子の膜厚 0.06 波長近傍が最も高感度になっている。しかし，伝搬損失もこの膜厚近傍で増大するため，実際の利用は厳しいと考えている。一方，金は膜厚が薄い場合にも高感度化が可能であることがわかる。

ラブ波センサの感度は用いる圧電結晶によっても異なる。ST カット 90°X 伝搬水晶と 36YX-LiTaO$_3$ の比較実験では，圧電結晶として水晶を用いたほ

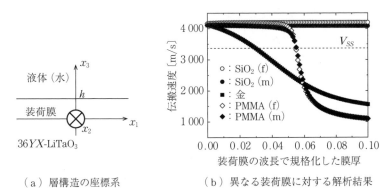

（a）層構造の座標系　　　　（b）異なる装荷膜に対する解析結果

f と m は 36YX-LiTaO$_3$ 表面が電気的に開放または短絡であることを示す。
V_{ss} は 36YX-LiTaO$_3$ の遅い横波の伝搬速度を示す。

図 6.34 層状構造の座標系と異なる装荷膜に対する解析結果[30]

うが高感度となった[31]。ラブ波センサを用いる場合，圧電結晶と装荷する膜材料の選択が重要である。図（b）より，わずかな膜厚の違いでもセンサ感度が大きく異なる可能性があることがわかる。このため，作成プロセスにおける装荷膜の膜厚制御も重要である。

6.7　ワイヤレス SAW センサ

2.2.4 項のワイヤレス測定は，1990 年代半ばから盛んとなった SAW デバイスの特徴を利用した測定方法である。センサ部に電池を必要としないので電池交換も不要であり，人間がメンテナンスしにくい過酷な環境にも設置できる。これまでに温度センサ，圧力センサなどが報告されている。ワイヤレス SAW センサ応用の場合，SAW センサ部での減衰が大きいと受波信号が弱くなる。高い SN 比を実現するには，SAW センサでの伝搬減衰を小さくする必要がある。また，複数の SAW センサを同時に用いる場合，SAW センサの認識方法も重要である。よく利用される方法は，反射電極のパターンを利用した SAW センサ認識である。反射電極の本数や位置を変えると反射波の到達する時間が異なるので，時間軸上で素子を識別することができる。この場合，反射電極間での多重反射も生じることを考慮した電極パターンの設計が必要である。また，複数の SAW センサから同時に応答が戻ってきたとき，各センサの応答を分離しなければならない。

6.7.1　SAW 温度センサ

SAW 温度センサとして特に期待されているのは，500℃を超える高温で動作する温度センサである。一方，圧電結晶には**キュリー温度**（Curie temperature：T_c）が存在する。T_c を超えると圧電性が失われる。200℃程度までの温度センサには，$LiNbO_3$ など比較的 T_c が低い圧電結晶が利用されている[32],[33]。

例えば，**図 6.35** は 4 個のワイヤレス SAW センサを配置し，アンテナ間の

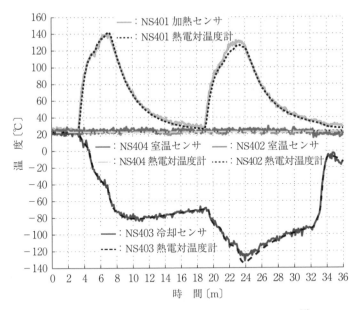

図 6.35 ワイヤレス SAW センサを用いた温度測定値[32)]

距離を 0.8~1.2 m としたときの温度測定値である．SAW による測定値は比較のための熱電対温度計と一致していることがわかる．また，同時に 4 個の SAW センサの測定を行うため，直交周波数法を利用して SAW センサの認識を行っている．直交周波数法では，SAW 励振電極としてチャープ型 IDT が利用される．複数の周波数に対応した SAW がチャープ型 IDT から励振される．反射電極に周波数依存性を持たせることにより応答信号を分離できる．直交周波数法を利用する場合，利用する帯域幅が広くなる．日本の場合，ワイヤレス SAW センサとして特定小電力である 420.430 MHz や RFID 用の 920 MHz 帯など[34)]が利用されることが多い．しかし，各周波数に対して帯域幅が制限されるので，用いる周波数帯に適した認識方法を検討しなければならない．

500℃を超える高温での温度測定には，T_c が高いランガサイト系の圧電結晶が利用されている．また，高温になると IDT の電極材料の耐久性という問題も発生する．一般的に IDT 材料として利用されるアルミニウム，銅，金などは，高温で利用することは困難である．このため，高温で利用可能な電極材料

の検討もなされている[35]。圧電結晶としてY-$La_3Ga_5SiO_{14}$,電極材料としてイリジウムとロジウムの合金が検討されている。しかし,800℃で100時間保持すると,周波数の変化および損失の増加が確認されている。このため,高温で長時間利用しても劣化が少ない電極材料の開発が必要不可欠である。

6.7.2 SAWひずみセンサ

構造物などのひずみ測定にはひずみゲージが用いられる。1個のひずみゲージには2本の配線が必要となるので,ひずみゲージの個数が増えると配線の本数も2倍で増加する。この問題はワイヤレス**SAWひずみセンサ**（SAW strain sensor）を利用すると解決することができる。SAWひずみセンサには遅延線（反射型）[36]と共振子[37]両方のタイプが報告されている。遅延線型（2章の図2.10（a）参照）を測定対象物に貼付し,対象物がゆがむことによりSAWセンサデバイスが湾曲しIDTと反射電極の距離が変化するので,反射波応答時間が変化する。この時間変化からひずみを測定することが可能である。片持ちばり（梁）の根本付近にSAWセンサとひずみゲージを貼付し（**図6.36**），お

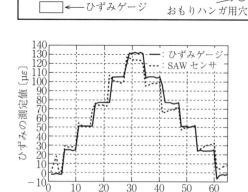

図6.36 片持ちばりにSAWセンサとひずみゲージを貼付して200gごとにおもりを変えたときのひずみ測定値[36]

もりを200gごと増加または減少させたときのワイヤレスでのひずみ測定が行われている[36]。アンテナ間隔は30cmである。図より，ひずみゲージとほぼ一致したひずみをワイヤレスSAWセンサを用いて測定できることがわかる。ひずみ測定時に温度が変化すれば，温度測定用のSAWセンサ，もしくは温度補償方法が必要となる。

高温環境など一般のひずみゲージでは，測定が困難な環境でもSAWセンサを用いてひずみ測定が可能である。ランガサイトを圧電結晶として用いたSAW共振子により300℃や400℃におけるひずみ測定に成功している[37]。

6.7.3 SAW圧力センサ

ワイヤレスSAWセンサは，回転する物体や回転軸の測定にも利用できる。タイヤの空気圧測定は，ワイヤレスSAWセンサの特徴を利用した応用例の一つである[38]。**図6.37はSAW圧力センサ**（SAW pressure sensor）の構成例であり，SAWデバイスをダイアフラムの一部として利用する[39]。密閉領域には参照用のガスが封入されている。圧力によるSAWデバイスの変形より反射波が変化するので，反射波の変化を位相変化として検出することにより，圧力を求めることができる。SAWを用いたタイヤの空気圧センサはすでに実用化されている[40]。SAW圧力センサは，タイヤの空気圧以外にも血圧測定に応用可能である。一般的なコロトコフ音を利用した血圧測定よりも小型のSAW血圧センサが実現できる可能性がある[41]。

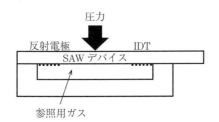

図6.37 SAW圧力センサの構成例[39]

6.7.4 SAW トルクセンサ

回転軸に働くトルクを測定するための **SAW トルクセンサ**（SAW torque sensor）も重要な応用分野である。一般的な手法では回転軸にセンサを貼り付けて測定することは困難であるのに対し，SAW センサを用いると回転軸のトルクをワイヤレスで測定可能となる。**図 6.38** に，水晶を伝搬する SAW の一種である STW（surface transverse wave）を用いた共振子をトルクセンサとして用いたときのトルク測定の構成例，およびトルクと周波数変化の関係を示す[42]。周波数変化とトルクの間には線形関係がある。この結果より，SAW センサを用いたトルク測定が可能であることがわかる。

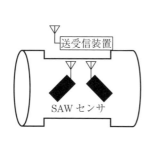
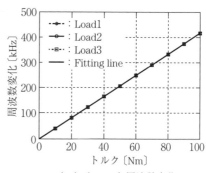

（a）SAW センサを用いた　　　（b）トルクと周波数変化
　　トルク測定の構成例

図 6.38 SAW センサを用いたトルク測定の構成例，およびトルクと周波数変化の関係[42]

6.7.5 インピーダンス負荷 SAW センサ

2章の図 2.10（b）に示したインピーダンス負荷 SAW センサは，SAW デバイス表面の反射電極にインピーダンスが変わるセンサ（以後，インピーダンス変化型センサ）を接続した構成である。6.7.1～6.7.4項までは SAW デバイスをセンサとして利用した。インピーダンス負荷 SAW センサでは，SAW デバイスをセンサとして利用するのではなく，ワイヤレスでインピーダンス変化型センサを動作するための遅延素子として利用する。インピーダンス変化型

センサに直接アンテナを接続した場合,時間軸上で入射波と反射波を分離することは困難である。しかし,SAWデバイスの遅延機能を利用すると時間軸上で入射波と反射波を分離することができる。このため,通常は電源を必要とするインピーダンス変化型センサをパッシブで利用することができる。

利用するSAWデバイスの中心周波数に等しい周波数の電気信号が,インピーダンス変化型センサに入力される。市販されている多くのインピーダンス変化型センサは,DCもしくは低周波数で動作するように設計されており,SAWデバイスのような高周波での利用は考慮されていない。このため,低周波数では抵抗変化を検出原理としていても,高周波では抵抗変化とは限らない。例えば,市販されている圧力センサを 13.5 MHz の低い周波数で動作するSAWデバイスに接続することを考慮した基礎特性評価より,DCでは抵抗変化を原理とするのに対し,13.5 MHz では容量変化が主となることが明らかにされている[43]。SAWデバイスと圧力センサを組み合わせた片持ちばりの振動測定より,構造物のヘルスモニタリングに応用可能であることが示されている[43]。

ガスセンサへの応用も可能である。図 6.39 (a) のSAW硫化水素センサに示すように,IDT,反射電極に加えて,同じ構造の電極を圧電結晶上に配置する[44]。ただし,一つの電極はSAWの励振や反射には利用せず,微小電極を

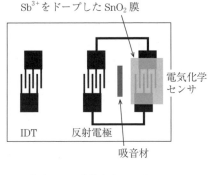

(a) SAW硫化水素センサ

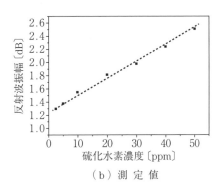

(b) 測定値

図 6.39　SAW硫化水素センサと測定値[44]

用いた電気化学センサとして利用する[44),45)]。電気化学センサセンサに SAW が到達すると電気化学センサとしての働きが妨げられるため，反射電極と電気化学センサの間には吸音材が塗布されている。電気化学センサ上には Sb^{3+} をドープした SnO_2 膜が形成されている。硫化水素が膜に吸着したときに生じる抵抗変化を SAW の反射波振幅変化として検出する。図（b）に示すように，硫化水素濃度と反射波振幅の間には線形関係が成立する。検知するガス種に合わせて膜を変えれば，さまざまなガス種を検知可能となる。

引用・参考文献

1) http://www.estcal.com/ （2019 年 3 月現在）
2) Y. Yamamoto, S. Akao, H. Nagai, T. Sakamoto, N. Nakaso, T. Tsuiji, and K. Yamanaka：Development of Multi-Gas Analysis Method Using the Ball Surface Acoustic Wave Sensor, Jpn. J. Appl. Phys., **49**, 07HD14（2010）
3) 山中一司，竹田宣生，赤尾慎吾，辻　俊宏，大泉　透，福士秀幸，岡野達広，佐藤　渚，塚原祐輔：弾性表面波の漏洩減衰測定によるガス分析方法，第 65 回応用物理学会春季学術講演会, 19a.B303.4（2018）
4) 森泉豊栄：バイオエレクトロニクス，工業調査会（1987）
5) 玉虫文一　ほか編：理化学辞典（第 3 版），岩波書店（1979）
6) 近藤　淳：弾性表面波センサの基礎と応用，IEICE Fundamentals Review, **6**, pp. 166–174（2013）
7) M. Goto, O. Iijima, T. Kogai, and H. Yatsuda：Point-of-care SH-SAW biosensor, Proc. IEEE Ultrasonics Symp., pp. 736–739（2010）
8) 谷津田博美，小貝　崇，後藤幹博，M. Chard, and D. Athey：POCT 用 SH-SAW バイオセンサ，第 40 回 EM シンポジウム, pp. 29–32（2011）
9) J. Wang, M. AlMakhaita, S. L. Biswal, and L. Segatori：Sensitive Detection of TNT using Competition Assay on Quartz Crystal Microbalance, J. Biosensors & Bioelectronics, **3**, 1000115（2012）
10) M. Goto, H. Yatsuda, and J. Kondoh：Analysis of Mass Loading Effect on Guided Shear Horizontal Surface Acoustic Wave on Liquid/Au/Quartz Structure for Biosensor Application, Jpn. J. Appl. Phys., **52**, 07HD10（2013）
11) 千畑一郎：固定化酵素，講談社（1982）
12) 近藤　淳，今山輝男，松井義和，塩川祥子：弾性表面波デバイスを用いた酵素センサ，信学論（C-I），**J78-C-I**, pp. 599–605（1995）

13) S. Nakamoto, N. Ito, T. Kuriyama, and J. Kimura：A lift-off method for patterning enzyme-immobilized membranes in multi-biosensors, Sensors and Actuators, **13**, pp. 165-172（1988）
14) M. Critvhel (Ed.)：Medical dictionary, Butterworth（1978）
15) J. Kondoh, Y. Matsui, S. Shiokawa, and W. Wlodaski：Enzyme-Immobilized SH-SAW Biosensor, Sensors and Actuators B, **20**, 2-3, pp.199-203（1994）
16) 杉山高一：多変量データ解析入門，朝倉書店（1992）
17) 田中 豊，垂水共之：統計解析ハンドブック多変量解析，共立出版（1995）
18) 田中 豊，脇本和昌：多変量統計解析法，現代数学社（1992）
19) 森泉豊栄：においセンサ，電学論 A, **112**, pp. 751-756（1992）
20) J. Kondoh and S. Shiokawa：New Application of SH-SAW Sensors to Identifying Fruit Juices, Jpn. J. Appl. Phys., **33**, pp.3095-3099（1994）
21) 近藤 淳，塩川祥子：すべり弾性表面波センサを用いた液体試料の識別，信学論（C-II），**J78-C-II**, pp. 54-61（1995）
22) M. Cole, I. Spulber, and J. W. Gardner：Surface acoustic wave electronic tongue for robust analysis of sensory components, Sensors and Actuators B, **207**, pp. 1147-113（2015）
23) 近藤 淳，塩川祥子：すべり弾性表面波センサを用いた混合溶液評価，信学論（C-I），**J82-C-I**, pp. 784-790（1999）
24) 中野 馨 監修：入門と実習ニューロコンピュータ，技術評論社（1992）
25) J. Kondoh, Y. Matsui, and S. Shiokawa：Identification of Electrolyte Solutions Using a Shear Horizontal Surface Acoustic Wave Sensor with a Liquid-flow System, Sensors and Actuators B, **91**, pp. 309-315（2003）
26) 小貝 崇：音響ストリーミングによる免疫反応促進効果を利用した弾性表面波バイオセンサの研究，pp. 63-64，静岡大学博士論文（2018）
27) K. Sothivelr, F. Bender, F. Josse, A. J. Ricco, E. E. Yaz, R. E. Mohler, and R. Kolhatkar：Detection and Quantification of Aromatic Hydrocarbon Compounds in Water Using SH-SAW Sensors and Estimation-Theory-Based Signal Processing, ACS Sensors, **1**, pp. 63-72（2016）
28) E. Gizeli, A. C. Stevenson, N. J. Goddard, and C. R. Lowe：A Novel Love-Plate Acoustic Sensor Utilizing Polymer Overlayers, IEEE Trans. on UFFC, **39**, pp. 657-659（1992）
29) A. E. H. Love：Some problems of geodynamics, Cambridge University Press（1911）
30) 近藤 淳：層状構造を伝搬する横波型弾性波を用いた高感度バイオセンサに関する理論的考察，電学論 C, **131**, pp. 1163-1167（2011）
31) K. Mitsakakis, A. Tsortos, J. Kondoh, and E. Gizeli：Parametric study of SH-SAW device response to various types of surface perturbations, Sensors and Actuators

B, **138**, pp.408-416（2009）
32) N. Y. Kozlovski, D. C. Malocha, and A. R. Weeks：A 915 MHz SAW Sensor Correlator System, IEEE Sensors J., **11**, pp. 3426-3432（2011）
33) A. H. Rasolomboahanginjatovo, Y. Sanogo, F. Domingue, and A. O. Dahmane：Custom PXIe-567X-Based SAW RFID Interrogation Signal Generator, IEEE Sensors J., **16**, pp. 8798-8806（2016）
34) 総務省ホームページ
http://www.tele.soumu.go.jp/j/adm/freq/search/myuse/use/index.htm
35) A. Taguett, T. Aubert, M. Lomello, O. Legrani, O. Elmazria, J. Ghanbaja, and A. Talbi：Ir-Rh thin films as high-temperature electrodes for surface acoustic wave sensor applications, Sensors and Actuators A, **243**, pp. 35-42（2016）
36) J. R. Humphries and D. C. Malocha：Wireless SAW Strain Sensor Using Orthogonal Frequency Coding, IEEE Sensors J., **15**, pp. 5527-5534（2015）
37) A. Maskaya and M. P. da Cunhaa：High-temperature static strain langasite SAWR sensor: Temperature compensation and numerical calibration for direct strain reading, Sensors and Actuators A, **259**, pp. 34-43（2017）
38) A. Pohl, G. Ostermayer, L. Reindl, and F. Seifert：Monitoring the Tire Pressure at Cars Using Passive SAW Sensors, Proc. IEEE Ultrasonics Symp., pp. 471-474（1997）
39) H. Scherr, G. Scholl, F. Seifert, and R. Weigel：QUARTZ PRESSURE SENSOR BASED ON SAW REFLECTIVE DELAY LINE, Proc. IEEE Ultrasonics Symp., pp. 348-350（1996）
40) http://www.transense.co.uk/
41) X. Ye, Lu Fang, Bo Liang, Q. Wang, X. Wang, L. He, W. Bei, and W. H. Ko：Studies of a high-sensitive surface acoustic wave sensor for passive wireless blood pressure measurement, Sensors and Actuators A, **169**, pp. 74-82（2011）
42) X. Ji, Y. Fan, J. Chen, T. Han, and P. Cai：Passive Wireless Torque Sensor Based on Surface Transverse Wave, IEEE Sensors J., **16**, pp. 888-894（2016）
43) M. Oishi, H. Hamashima, and J. Kondoh：Measurement of cantilever vibration using impedance-loaded surface acoustic wave sensor, Jpn. J. Appl. Phys., **55**, 07KD06（2016）
44) W. Luo, Q. Fu, J. Deng, G. Yan, D. Zhou, S. Gong, and Y. Hu：An integrated passive impedance-loaded SAW sensor, Sensors and Actuators B, **187**, pp. 215-220（2013）
45) 青木幸一，森田雅夫，堀内 勉，丹羽 修：微小電極を用いる電気化学測定法，コロナ社（1998）

第 II 部　圧電振動型センサ

7　圧電振動型センサ

7.1　弾性波機能デバイスの特徴

　通常の電気回路部品は電磁波の基本特性に基づくものであるが，機械振動を利用した弾性波素子には以下のような特徴がある。電磁波の速度は 3×10^8 m/s であるのに対し，同じ波動である弾性波の速度は**図 7.1** に示すように固体中で $3\,000\sim6\,000$ m/s であり，液体中や空気中ではさらに遅い[1),2)]。したがって，同一周波数で考えると弾性波の波長は電磁波の波長の 10^{-5} 倍程度になる。

　一般に，波動の伝搬や共振現象を直接的に利用する素子の大きさは波長と同程度になる。そのため周波数が低くなれば形状が大きくなり，その寸法が実用的な範囲に収まる周波数の下限は，電磁波の場合は数百 MHz であるのに対し，弾性波を利用すれば数 kHz 程度となる。これが弾性波素子を利用する利点の一つで，回路の小型化や軽量化が図れる理由である。また，波長当りの減衰は弾性波のほうが電磁波よりはるかに少ないため，共振器としての Q 値が高く，温度特性や経年変化特性なども優れていることが多い。したがって，Q 値が高く安定な特性を持つ機能デバイスが得られることが第二の利点である。

　固体中を伝搬する弾性波には，縦波，横波，板波，表面波など多数の振動

7. 圧電振動型センサ

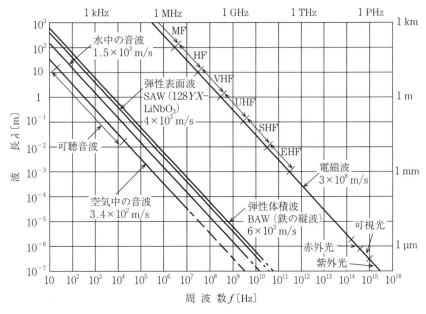

図7.1 弾性波の周波数, 速度, および波長の関係

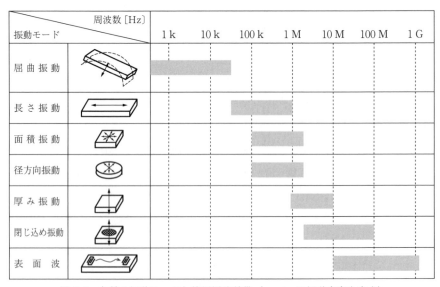

図7.2 各種の振動モードと使用周波数帯（⟷は振動方向を表す）

モードがあり，それぞれの弾性波の特徴を生かした機能デバイスに応用されている．図 7.2 は，各種の振動モードと使用周波数帯の関係を示したものである[3]．弾性波の振動を電気的に応用し制御するためには，電気的エネルギーを弾性振動エネルギーに変換，また逆に弾性振動エネルギーを電気的エネルギーに変換できなければならない．この変換方法の一つが圧電気であり，ここでは，圧電型の変換器（トランスデューサ）を用いて電気的エネルギーと弾性振動エネルギーを変換する弾性波機能デバイスについて取り扱う．

弾性波機能デバイスは，本書の第 I 部で解説した弾性表面波を利用したデバイスと，体積波を利用したバルク波デバイスに大別される．第 II 部では，圧電的に励振されたバルク波と呼ばれる定在波を利用したバルク波デバイスである圧電振動子の中で，筆者らが関与した比較的低周波数領域の振動子とそのセン

表 7.1 代表的な圧電振動子（機械振動子と複合振動子）

	（1）機械振動子	（2）複合振動子
縦振動子		圧電素子
横振動子 （屈曲振動子）	（音片）（音さ）（片持ち棒）	恒弾性金属 （円板）圧電素子
伸び振動子		
ねじり振動子		

120　7. 圧電振動型センサ

サへの応用について解説する。**表7.1**は，圧電振動子の具体的形状や振動モードをまとめたものである[4]。表では，機械振動子と機械振動子に圧電素子を接着した構成の複合振動子を示しているが，機械振動子を圧電素子や圧電単結晶で構成しても可能である。

これらの圧電振動子の応用を大別すると

① フィルタや高安定発振素子などの通信用デバイスなどの周波数的応用
② 圧電アクチュエータや超音波モータなどのエネルギー的応用
③ センサや探触子などの測定的応用

に分類できる。**表7.2**に超音波センサと圧電センサの分類を示す[5]。第Ⅱ部では，この中から二，三の圧電振動型センサを例にとり，その特性解析や設計指針について解説する。

表7.2　超音波センサと圧電センサの分類

① 超音波を発生し検出するセンサ 　（超音波アクティブセンサ） 　・医療用超音波探触子 　・非破壊検査用探触子 　・超音波レベル計	④ インピーダンスを検出するセンサ 　・紛体センサ 　・露点センサ，霜センサ 　・触覚センサ（接触インピーダンス法）
② 超音波受信（パッシブ）センサ 　・AEセンサ 　・パッシブソナー	⑤ 共振周波数変化によるセンサ 　・気圧計，圧力計 　・電子天びん 　・周波数変化型力センサ
③ 振動を検出するセンサ 　・加速度センサ 　・微小変位センサ	⑥ コリオリ力を検出するセンサ 　・質量流量計 　・圧電ジャイロ・角速度センサ

7.2　圧電デバイスの解析手法

電気回路網（electrical network）はよく体系化されているため，振動体を電気回路網と等価な回路に置き換えることができればその特性は容易に把握できる。このような立場から，機械振動系の電気回路網への類推（アナロジー）考察が行われてきた[6]。よく知られているように，力-電圧，速度-電流が対応す

るインピーダンス類推（impedance analogy），力-電流，速度-電圧が対応するモビリティ類推（mobility analogy）はその具体例である．これは質量やスプリングなどの集中定数回路（lumped constant circuit）ばかりでなく，低周波数領域における縦振動子，ならびにねじり振動子の分布定数回路（distributed constant circuit）への類推も広く行われている．このように機械振動子を電気的な等価回路で表すことができれば，その応用である圧電デバイスの特性解析や性能予測などは回路シミュレータを用いることで簡単に得ることができる．

　一方，複雑な振動体の問題を実際に解く場合，マトリクスによる数値計算が必要になる．現在は，コンピュータが広く普及し大容量の計算が短時間で容易にできるようになっているため，できるだけ数値計算しやすい形で振動問題を考える方法が生まれてきた．これがマトリクス法あるいは有限要素法（finite element method）と呼ばれるものである．振動問題を等価電気回路に類推して考える背景には，複雑な問題を簡単にして考えやすいようにして解こうとする意図が存在していたが，高速で計算できるコンピュータを利用すると必ずしも等価回路網に直して考える必要はなくなる．特に複雑な形状や構成の振動体を取り扱うためには，等価回路網で表現することは複雑すぎて考察しにくく，回路網の表現そのものが難しい．有限要素法は，振動体を有限個の小さな要素に分割し，その個々の要素の接続条件を考慮して全体のマトリクスを求めて解を得ようとする手法である．現在ではいろいろな機能が追加され使いやすい解析ツールになっており，今後もその有効性が期待できる．しかし，この方法は数値的にしか解を与えてくれないため，その関係から現象や特性を推察することは難しい．一方，従来の弾性学を基礎とする古典的解析手法では，いろいろな近似条件が必要ではあるが，得られた解析結果からは対象の圧電デバイスの特性向上のための指針や方向性を物理的な意味を含めて明らかにすることができる利点がある．したがって，有限要素法や回路シミュレータによる解析とのそれぞれのよい面を使い分け，工学問題の解決にあたるのが有効である．第II部では，圧電振動子や振動型センサについて等価回路考察やマトリクス法および有限要素法の適用例について解説する．

引用・参考文献

1) 実吉純一，菊池喜充，能本乙彦：超音波技術便覧（改訂新版），pp. 4-6，日本工業出版（1966）
2) 日本学術振興会弾性波素子技術第150委員会 編：弾性波素子技術ハンドブック，pp. 6-9，オーム社（1991）
3) 日本学術振興会弾性波素子技術第150委員会 編：弾性波素子技術ハンドブック，p. 102，オーム社（1991）
4) 日本学術振興会弾性波素子技術第150委員会 編：弾性波デバイス技術，p. 155，オーム社（2004）
5) 富川義朗 編著：超音波エレクトロニクス振動論，p. 213，朝倉書店（1998）
6) 近野 正 編：ダイナミカル・アナロジー入門，第3章，コロナ社（1980）

8 固体の振動

8.1 固体の弾性

8.1.1 ひずみと応力[1)]
〔1〕ひずみ

物体に外力を印加すると物体は変形し,外力を取り去ると,もとの状態に戻る。このような変形を**弾性**(elasticity)と呼び,変形の程度は外力に比例する。これが**フックの法則**(Hooke's law)である。図8.1に示すように,長さ l_0 の物体に外力 F を加えたときに長さ l となったとする。このとき,物体が均一であれば物体内部の微小部分もすべて相似形に変形し,単位長さ(Δx)当りの伸び(Δu)は式(8.1)で表される。これをひずみ S という。

$$S = \frac{\Delta u}{\Delta x} = \frac{l - l_0}{l_0} \tag{8.1}$$

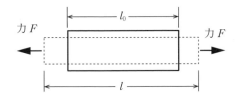

図8.1 物体の変形

このようにひずみの大きさは,その点における変位 u の微分によって示され,ひずみ S が正のときはその点で伸びを示し,負のときは縮みを示す。

ひずみには，物体の伸縮を表す図8.1の伸縮ひずみのほかに，**図8.2**に示すずりひずみ（せん断ひずみ）がある。ずりひずみによって物体の体積は変化しない。図8.2（a）に示すように物体が変形したとすると，$\tan\theta$ が十分に小さい場合 $\tan\theta \fallingdotseq \theta$ と近似でき，y 方向の長さ l に対して x 方向の変位 Δl を用いると，ずりひずみは式（8.2）のように表せる。

$$S = \frac{\Delta l}{l} = \theta \tag{8.2}$$

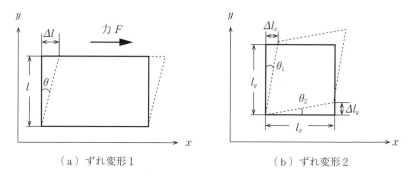

（a）ずれ変形1　　　　　　　（b）ずれ変形2

図8.2 ずりひずみ

一般には，図8.2（b）に示すように変形したとすると，ずりひずみは

$$S_{xy} = \frac{\Delta l_y}{l_x} + \frac{\Delta l_x}{l_y} \tag{8.3}$$

と表せる。一般には，変位 (U_x, U_y) を用いて表すことにより

$$S_{xy} = \frac{\partial U_x}{\partial y} + \frac{\partial U_y}{\partial x} \tag{8.4}$$

と表せる。これが xy 面内のずりひずみ S_{xy} である。同様にして yz 面，xz 面内のずりひずみは式（8.5）のように表される。

$$S_{yz} = \frac{\partial U_y}{\partial z} + \frac{\partial U_z}{\partial y}, \quad S_{zx} = \frac{\partial U_z}{\partial x} + \frac{\partial U_x}{\partial z} \tag{8.5}$$

一方，x, y, z 軸方向の伸縮ひずみは

$$S_{xx} = \frac{\partial U_x}{\partial x}, \quad S_{yy} = \frac{\partial U_y}{\partial y}, \quad S_{zz} = \frac{\partial U_z}{\partial z} \tag{8.6}$$

8.1 固体の弾性

と表される。これらのひずみをすべて表現するために，x, y, z 軸を x_1, x_2, x_3 軸に対応させ，x, y, z 軸の変位を U_1, U_2, U_3 に対応させ

$$S_{ij} = \frac{1}{2}\left(\frac{\partial U_i}{\partial x_j} + \frac{\partial U_j}{\partial x_i}\right) \tag{8.7}$$

と定義すると，$S_{ij} = S_{ji}$ であるので，S_{ij} における独立なものの個数は 6 個であり

$$\begin{pmatrix} S_1 & S_6 & S_5 \\ S_6 & S_2 & S_4 \\ S_5 & S_4 & S_3 \end{pmatrix} = \begin{pmatrix} S_{11} & 2S_{12} & 2S_{13} \\ 2S_{12} & S_{22} & 2S_{23} \\ 2S_{13} & 2S_{23} & S_{33} \end{pmatrix} \tag{8.8}$$

と表現する。ここで，$S_1 \sim S_6$ は工学的表記であり，S_{ij} はテンソル表記という。

〔2〕応　力

物体内の任意の面における単位面積当りの力を応力という。固体に作用する応力を表現するためには，その方向だけでなく作用する面を規定する必要がある。

例えば，図 8.3（a）に示すように x_1 方向の力 F_1 により物体が引っ張られている場合，x_1 方向に垂直な面には法線応力が働く。この応力は $T_{11}(=F_1/S_1)$ と表される。また，応力の符号は引張りの場合は正，圧縮の場合は負で表される。また，図（b）のように直方体の上下面に力 F_1 が働く場合は，x_3 軸に垂直な面に x_1 軸方向の接線応力 $T_{13}(=F_1/S_3)$ が働く。接線応力の

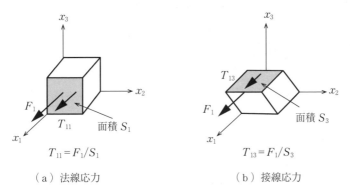

（a）法線応力　　　　　　　　（b）接線応力

図 8.3　法線応力と接線応力

符号は,面を境にして $+x_3$ 側が $+x_1$ 方向に引張り,$-x_3$ 側が $-x_1$ 方向に引っ張る場合を正とする.

一般的に応力を定義すると,図 8.4(a)〜(c)に示すように一つの面に対して 3 個の応力成分があり,3 行 3 列のテンソルとして表現される.応力テンソルの要素は,x_j 軸に垂直な面に働く x_i 軸方向の単位面積当りの力として $T_{ij}(i, j=1〜3)$ として 9 個の要素からなる.T_{ij} の添え字の最初の数字が応力の方向を示し,後の数字が応力が働く面を表している.T_{11}, T_{22}, T_{33} が法線応力であり,T_{12}, T_{32} などが接線応力である.

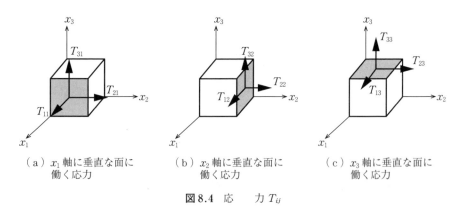

(a) x_1 軸に垂直な面に働く応力

(b) x_2 軸に垂直な面に働く応力

(c) x_3 軸に垂直な面に働く応力

図 8.4 応 力 T_{ij}

応力テンソルは対称テンソルであり,$T_{ij}=T_{ji}(i, j=1〜3)$ の関係があるため,独立した要素は 6 個であり,ひずみテンソルと同様に

$$\begin{pmatrix} T_1 & T_6 & T_5 \\ T_6 & T_2 & T_4 \\ T_5 & T_4 & T_3 \end{pmatrix} = \begin{pmatrix} T_{11} & T_{12} & T_{13} \\ T_{12} & T_{22} & T_{23} \\ T_{13} & T_{23} & T_{33} \end{pmatrix} \tag{8.9}$$

と表現する.ここで,$T_1〜T_6$ は工学的表記であり,T_{ij} はテンソル表記という.

8.1.2 弾 性 定 数

フックの法則によれば,弾性体においてひずみが小さいとき,ひずみと応力は比例し,その比例定数を**弾性定数**(elastic constants)c_{pq} と呼ぶ.工学的表記でこの関係を表せば

$$\begin{bmatrix} T_1 \\ T_2 \\ T_3 \\ T_4 \\ T_5 \\ T_6 \end{bmatrix} = \begin{bmatrix} c_{11} & c_{12} & c_{13} & c_{14} & c_{15} & c_{16} \\ c_{21} & c_{22} & c_{23} & c_{24} & c_{25} & c_{26} \\ c_{31} & c_{32} & c_{33} & c_{34} & c_{35} & c_{36} \\ c_{41} & c_{42} & c_{43} & c_{44} & c_{45} & c_{46} \\ c_{51} & c_{52} & c_{53} & c_{54} & c_{55} & c_{56} \\ c_{61} & c_{62} & c_{63} & c_{64} & c_{65} & c_{66} \end{bmatrix} \begin{bmatrix} S_1 \\ S_2 \\ S_3 \\ S_4 \\ S_5 \\ S_6 \end{bmatrix} \qquad (8.10)$$

となる。

弾性定数 c_{pq} (p, $q=1\sim 6$) は対称であるので,独立な値は最大で 21 個である。この独立な値の数は,固体の属する結晶系によって決まり,一般に対称性の高い結晶系ほど独立な値は少ない。最も対称性の高い結晶形に含まれる等方性結晶の場合,独立な定数は 2 個でこれを c_{11}, c_{12} とすれば $c_{66}=(c_{11}-c_{12})/2$ として

$$[c_{pq}] = \begin{bmatrix} c_{11} & c_{12} & c_{12} & 0 & 0 & 0 \\ c_{12} & c_{11} & c_{12} & 0 & 0 & 0 \\ c_{12} & c_{12} & c_{11} & 0 & 0 & 0 \\ 0 & 0 & 0 & c_{66} & 0 & 0 \\ 0 & 0 & 0 & 0 & c_{66} & 0 \\ 0 & 0 & 0 & 0 & 0 & c_{66} \end{bmatrix} \qquad (8.11)$$

と表される。等方性の場合は,特に

$$c_{11}=\lambda+2\mu, \quad c_{12}=\lambda, \quad c_{66}=\mu \qquad (8.12)$$

と表す方法があり,λ, μ をラメ定数と呼ぶ。

等方性弾性体の弾性定数を表す方法としては,ほかにもいくつかの方法がある。細い棒にかかる長さ方向の応力と長さ方向のひずみの関係を**ヤング率** (Young's modulus) E という。また,このとき太さ方向のひずみと長さ方向のひずみの比を**ポアソン比** (Poisson's ratio) σ という。さらに,一様な圧力がかかったときの圧力と体積変化の比を体積弾性率 K で表し,G を**剛性率** (shear modulus) とする。これらの値とラメ定数との関係は,式 (8.13) のようになる。

$$\left.\begin{array}{l}\text{ポアソン比}: \sigma=\dfrac{\lambda}{2(\lambda+\mu)}, \quad \text{ヤング率}: E=2(1+\sigma)\mu \\[6pt] \text{体積弾性率}: K=\lambda+\dfrac{2}{3}\mu, \quad \text{剛性率} \quad : G=\mu\end{array}\right\} \quad (8.13)$$

8.1.3 圧電方程式の表現方法

工学的表現方法で圧電方程式を記述すると

$$[T]=[c^E][S]-[e]^t[E],$$
$$[D]=[e][S]+[\varepsilon^S][E] \quad (8.14)$$

となる。これを行列で表現すると

$$\begin{bmatrix}T_1\\T_2\\T_3\\T_4\\T_5\\T_6\end{bmatrix}=\begin{bmatrix}c_{11}{}^E & c_{12}{}^E & c_{13}{}^E & c_{14}{}^E & c_{15}{}^E & c_{16}{}^E\\ c_{21}{}^E & c_{22}{}^E & c_{23}{}^E & c_{24}{}^E & c_{25}{}^E & c_{26}{}^E\\ c_{31}{}^E & c_{32}{}^E & c_{33}{}^E & c_{34}{}^E & c_{35}{}^E & c_{36}{}^E\\ c_{41}{}^E & c_{42}{}^E & c_{43}{}^E & c_{44}{}^E & c_{45}{}^E & c_{46}{}^E\\ c_{51}{}^E & c_{52}{}^E & c_{53}{}^E & c_{54}{}^E & c_{55}{}^E & c_{56}{}^E\\ c_{61}{}^E & c_{62}{}^E & c_{63}{}^E & c_{64}{}^E & c_{65}{}^E & c_{66}{}^E\end{bmatrix}\begin{bmatrix}S_1\\S_2\\S_3\\S_4\\S_5\\S_6\end{bmatrix}-\begin{bmatrix}e_{11} & e_{21} & e_{31}\\ e_{12} & e_{22} & e_{32}\\ e_{13} & e_{23} & e_{33}\\ e_{14} & e_{24} & e_{34}\\ e_{15} & e_{25} & e_{35}\\ e_{16} & e_{26} & e_{36}\end{bmatrix}\begin{bmatrix}E_1\\E_2\\E_3\end{bmatrix}$$

$$(8.15)$$

$$\begin{bmatrix}D_1\\D_2\\D_3\end{bmatrix}=\begin{bmatrix}e_{11} & e_{12} & e_{13} & e_{14} & e_{15} & e_{16}\\ e_{21} & e_{22} & e_{23} & e_{24} & e_{25} & e_{26}\\ e_{31} & e_{32} & e_{33} & e_{34} & e_{35} & e_{36}\end{bmatrix}\begin{bmatrix}S_1\\S_2\\S_3\\S_4\\S_5\\S_6\end{bmatrix}+\begin{bmatrix}\varepsilon_{11}{}^S & \varepsilon_{12}{}^S & \varepsilon_{13}{}^S\\ \varepsilon_{21}{}^S & \varepsilon_{22}{}^S & \varepsilon_{23}{}^S\\ \varepsilon_{31}{}^S & \varepsilon_{32}{}^S & \varepsilon_{33}{}^S\end{bmatrix}\begin{bmatrix}E_1\\E_2\\E_3\end{bmatrix} \quad (8.16)$$

となる。式(8.14)は,e形式の圧電基本式である。この式は独立変数を変えることにより,式(8.17)〜(8.19)のようなd形式,h形式,g形式と呼ばれる式でも表すことができる。

$$\left.\begin{array}{l}[S]=[s^E][T]+[d]^t[E]\\ [D]=[d][T]+[\varepsilon^T][E]\end{array}\right\} \quad (d\ \text{形式}) \quad (8.17)$$

$$\left.\begin{array}{l}[T]=[c^D][S]-[h]^t[D]\\ [E]=-[h][S]+[\beta^S][D]\end{array}\right\} \quad (h\ \text{形式}) \quad (8.18)$$

$$\left.\begin{array}{l}[S]=[s^D][T]+[g]^t[D]\\ [E]=-[g][T]+[\beta^T][D]\end{array}\right\} \quad (g\ 形式) \tag{8.19}$$

8.2 圧電振動と等価回路

8.2.1 振動子の縦振動[2),3)]

図 8.5 に示すような z 軸方向に自発分極を持ち，y 軸方向に長い圧電セラミック振動子（全長 l，厚さ t，幅 b，密度 ρ）の縦振動を解析する。

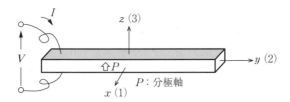

図 8.5 圧電セラミック縦振動子

圧電セラミックは，分極前は等方性であり分極後は分極軸が無次元の回転対称軸になる。この対称軸を z 軸（3 軸）に選んで弾性定数 c^E，圧電応力定数 e，誘電定数 ε^S の各定数を定めている。この場合，独立な弾性定数 5 個，独立な圧電定数 3 個，および独立な誘電定数 2 個が存在し，e 形式の圧電方程式は，式 (8.20)，(8.21) のように与えられる。

$$\begin{bmatrix}T_1\\T_2\\T_3\\T_4\\T_5\\T_6\end{bmatrix}=\begin{bmatrix}c_{11}{}^E & c_{12}{}^E & c_{13}{}^E & 0 & 0 & 0\\ c_{12}{}^E & c_{22}{}^E & c_{23}{}^E & 0 & 0 & 0\\ c_{13}{}^E & c_{32}{}^E & c_{33}{}^E & 0 & 0 & 0\\ 0 & 0 & 0 & c_{44}{}^E & 0 & 0\\ 0 & 0 & 0 & 0 & c_{55}{}^E & 0\\ 0 & 0 & 0 & 0 & 0 & c_{66}{}^E\end{bmatrix}\begin{bmatrix}S_1\\S_2\\S_3\\S_4\\S_5\\S_6\end{bmatrix}-\begin{bmatrix}0 & 0 & e_{31}\\ 0 & 0 & e_{32}\\ 0 & 0 & e_{33}\\ 0 & e_{24} & 0\\ e_{15} & 0 & 0\\ 0 & 0 & 0\end{bmatrix}\begin{bmatrix}E_1\\E_2\\E_3\end{bmatrix},$$

$$c_{66}{}^E=\frac{c_{11}{}^E-c_{12}{}^E}{2} \tag{8.20}$$

$$\begin{bmatrix} D_1 \\ D_2 \\ D_3 \end{bmatrix} = \begin{bmatrix} 0 & 0 & 0 & 0 & e_{15} & 0 \\ 0 & 0 & 0 & e_{24} & 0 & 0 \\ e_{31} & e_{32} & e_{33} & 0 & 0 & 0 \end{bmatrix} \begin{bmatrix} S_1 \\ S_2 \\ S_3 \\ S_4 \\ S_5 \\ S_6 \end{bmatrix} + \begin{bmatrix} \varepsilon_{11}{}^S & 0 & 0 \\ 0 & \varepsilon_{22}{}^S & 0 \\ 0 & 0 & \varepsilon_{33}{}^S \end{bmatrix} \begin{bmatrix} E_1 \\ E_2 \\ E_3 \end{bmatrix} \quad (8.21)$$

ここで，実線で結んだ定数は等しい。

いま，z 面に付けた電極で励振することを考えると，y 方向の伸縮ひずみ S_2 が生じる。これに関与する圧電定数は e_{31} であり，励振電界の方向と伸縮の方向が互いに垂直であり圧電横効果と呼ばれる。波長に比べて振動子が十分に細い場合，x 面と z 面での機械的境界条件 $T_1=T_3=T_4=T_5=T_6=0$ が振動子の内部でも適用できると考えられる。また，$E_1=E_2=0$ と見なせるので，圧電方程式は式 (8.22) のようになる。

$$\left. \begin{array}{l} T_2 = c_{11}{}^E S_2 - e_{31} E_3 \\ D_3 = e_{31} S_2 + \varepsilon_{33}{}^S E_3 \end{array} \right\} \quad (8.22)$$

また，振動変位を $u_2(y)$，電位ポテンシャルを ϕ とすると，縦振動では

$$S_2 = \frac{\partial u_2}{\partial y}, \quad E_3 = -\frac{\partial \phi}{\partial z} \quad (8.23)$$

であり，div $\boldsymbol{D} = \partial D_3/\partial z = 0$ を適用すると

$$\frac{\partial D_3}{\partial z} = e_{31} \frac{\partial S_2}{\partial z} - \varepsilon_{33}{}^S \frac{\partial^2 \phi}{\partial z^2} = 0, \quad \therefore \quad \frac{\partial^2 \phi}{\partial z^2} = 0 \quad (8.24)$$

となる。これより，L_1, L_2 を定数として $\phi = L_1 z + L_2$ が得られる。

電気的な境界条件は，印加電圧を V として

$$z = \pm \frac{t}{2} \text{ で } \phi = \pm \phi_0, \quad 2\phi_0 = V \quad (8.25)$$

であるため

$$\phi = \frac{2\phi_0}{t} z = \frac{V}{t} z, \quad E_3 = -\frac{\partial \phi}{\partial z} = -\frac{V}{t} \quad (8.26)$$

が得られる。これより運動方程式は，電界 E_3 は y 方向には変化しない ($\partial E_3/\partial y = 0$) ことを考慮すると

8.2 圧電振動と等価回路

$$\rho \frac{\partial^2 u_2}{\partial t^2} = \frac{\partial T_2}{\partial y}, \quad \therefore \quad \rho \frac{\partial^2 u_2}{\partial t^2} = c_{11}{}^E \frac{\partial^2 u_2}{\partial y^2} \tag{8.27}$$

となる。機械的な条件は

$$y = \pm \frac{l}{2} \text{ で } \quad T_2 = c_{11}{}^E \frac{\partial u_2}{\partial t} + e_{31} \frac{V}{t} = 0 \tag{8.28}$$

であり、式 (8.27) より変位 u_2 を A, B を定数として

$$u_2 = A \sin\left(\frac{\omega}{v} y\right) + B \cos\left(\frac{\omega}{v} y\right), \quad v = \sqrt{\frac{c_{11}{}^E}{\rho}} \tag{8.29}$$

とすると、式 (8.28) を使用して

$$\left. \begin{array}{l} \dfrac{\omega}{v} \left[A \cos\left(\dfrac{\omega l}{2 v}\right) - B \sin\left(\dfrac{\omega l}{2 v}\right) \right] = -\dfrac{e_{31}}{c_{11}{}^E} \dfrac{V}{t} \\[2mm] \dfrac{\omega}{v} \left[A \cos\left(\dfrac{\omega l}{2 v}\right) + B \sin\left(\dfrac{\omega l}{2 v}\right) \right] = -\dfrac{e_{31}}{c_{11}{}^E} \dfrac{V}{t} \end{array} \right\} \tag{8.30}$$

が得られるので、定数 A, B は

$$A = -\frac{e_{31}}{c_{11}{}^E} \frac{V}{t} \frac{1}{(\omega/v) \cos[\omega l/(2 v)]}, \quad B = 0 \tag{8.31}$$

となる。したがって、変位 u_2 は

$$u_2 = \frac{e_{31}}{c_{11}{}^E} \frac{-V/t}{(\omega/v) \cos[\omega l/(2 v)]} \sin\left(\frac{\omega}{v} y\right) \tag{8.32}$$

と求められる。

一方、電極間に流れる電流 I は

$$I = \frac{dQ}{dt} = j\omega Q = j\omega \iint D_3 dx dy = j\omega \int_{-b/2}^{b/2} \int_{-l/2}^{l/2} \left(e_{31} \frac{\partial u_2}{\partial y} - \varepsilon_{33}{}^S \frac{V}{t} \right) dx dy$$

$$= \left[j\omega \left(\varepsilon_{33}{}^S \frac{bl}{t} \right) + j\omega \frac{2 e_{31} b v}{\omega c_{11}{}^E t} \tan\left(\frac{\omega l}{2 v}\right) \right] (-V) \tag{8.33}$$

と求められる。これより、電気端子から見たアドミッタンス Y_f は

$$Y_f = \left(\frac{I}{-V} \right) = j\omega \left(\varepsilon_{33}{}^S \frac{bl}{t} \right) + j \frac{2 e_{31}{}^2 b}{\rho v t} \tan\left(\frac{\omega l}{2 v}\right)$$

$$= j\omega C_d + Y_m \tag{8.34}$$

となる。

つぎに、共振点近傍での等価回路定数を考える。Y_m は $\tan[\omega l/(2 v)] = \infty$、

すなわち

$$\omega_r = \frac{n\pi v}{l} = \frac{n\pi}{l}\sqrt{\frac{c_{11}^E}{\rho}} \quad (n=1, 3, 5, \cdots) \tag{8.35}$$

の周波数で共振するので，この共振点近傍で

$$Z_m = \frac{1}{Y_m} = j\omega L + \frac{1}{j\omega C} \tag{8.36}$$

と展開する。また

$$\left.\frac{\partial Z_m}{\partial \omega}\right|_{\omega=\omega_r} = j2L = j\frac{2}{\omega_r^2 C}, \quad \omega_r^2 = \frac{1}{LC} \tag{8.37}$$

の関係があるので

$$L_n = \frac{lbt\rho}{2}\frac{1}{(2\,be_{31})^2}, \quad C_n = \frac{1}{\omega_r^2 L_n} = \frac{8}{n^2\pi^2}\left(\frac{e_{31}^2}{c_{11}^E}\frac{bl}{t}\right) \tag{8.38}$$

が得られる。これを等価回路表示すると**図 8.6** のようになる。ここで，$n(=1, 3, 5, \cdots)$ は振動モード次数で，全面電極では $n=2, 4, 6, \cdots$ の振動モードは励振できない。

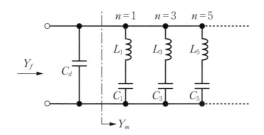

図 8.6 アドミッタンス Y_f の共振点展開による等価回路

以上は，振動体が弾性的に無損失として取り扱ってきたが，弾性的損失を考慮する場合，n 次のインピーダンス Z_n を式 (8.39) のように表す。

$$Z_n = j\omega L_n + \frac{1}{j\omega C_n} + R_n, \quad Q_n = \omega_n \frac{L_n}{R_n} \tag{8.39}$$

ここで，L_n, C_n, R_n はそれぞれ n 次のインダクタンス，キャパシタンス，抵抗である。また，ω_n は n 次の共振角周波数，Q_n は n 次の**共振尖鋭度**（quality factor）で通常，$Q_n \gg 1$ である。

8.2.2 Mason の等価回路[4)~6)]

8.2.1 項で取り扱った圧電セラミック縦振動子に関して,分布定数線路と関連した Mason の等価回路 (Mason's equivalent circuit) を解説する。振動子の座標系を図 8.7 のようにとり,y 軸方向の変位 u を A, B を定数として式 (8.40) のように仮定する。

$$u = A \cos\left(\frac{\omega}{v}y\right) + B \sin\left(\frac{\omega}{v}y\right), \quad v = \sqrt{\frac{c_{11}^E}{\rho}} \tag{8.40}$$

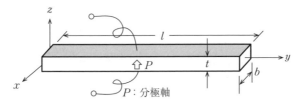

図 8.7 圧電セラミック縦振動子 (横効果)

いま,$y=0$ における値を添え字 1 で表すと

$$A = u_1, \quad B = \frac{v}{\omega}\left(\frac{\partial u}{\partial y}\right)_{y=0} \tag{8.41}$$

が得られる。伸び方向の応力 T を正方向とすると,各断面における力 F は,$\phi = e_{31}b$ として

$$F = -bt\, T_2 = -bt\left(c_{11}^E \frac{\partial u}{\partial y} + e_{31}\frac{V}{t}\right), \quad \therefore\ F + \phi V = -bt\, c_{11}^E \frac{\partial u}{\partial y} \tag{8.42}$$

と与えられる。$y=0$ における力の値を F_1 とすると,定数 B は,$z_0 = \rho vbt$ を特性インピーダンスとして

$$B = -\frac{F_1 + e_{31}bV}{bt\, c_{11}^E}\frac{v}{\omega} = -\frac{F_1 + \phi V}{z_0 \omega} \tag{8.43}$$

となる。これより式 (8.40) の変位 u の時間微分を行うと

$$\dot{u} = \dot{A}\cos\left(\frac{\omega}{v}y\right) + \dot{B}\sin\left(\frac{\omega}{v}y\right) = \dot{u}_1 \cos\left(\frac{\omega}{v}y\right) - j\frac{F_1 + \phi V}{z_0}\sin\left(\frac{\omega}{v}y\right) \tag{8.44}$$

が得られる。一方，式 (8.42) より

$$F+\phi V=(F_1+\phi V)\cos\left(\frac{\omega}{v}y\right)-jz_0\dot{u}_1\sin\left(\frac{\omega}{v}y\right) \tag{8.45}$$

が得られる。

つぎに，$y=l$ における値を添え字 2 で示すと，式 (8.44) より

$$\dot{u}_2=\dot{u}_1\cos\left(\frac{\omega l}{v}\right)-j\frac{F_1+\phi V}{z_0}\sin\left(\frac{\omega l}{v}\right) \tag{8.46}$$

が得られ，これより式 (8.47) が与えられる。

$$F_1-\phi(-V)=\frac{z_0}{j\tan(\omega l/v)}\dot{u}_1-\frac{z_0}{j\sin(\omega l/v)}\dot{u}_2$$

$$=\frac{z_0}{j\sin(\omega l/v)}(\dot{u}_1-\dot{u}_2)+jz_0\tan\left(\frac{\omega l}{2v}\right)\dot{u}_1 \tag{8.47}$$

さらに，式 (8.45) より $y=l$ における F の値を F_2 とすると

$$F_2-\phi(-V)=(F_1+\phi V)\cos\left(\frac{\omega l}{v}\right)-jz_0\dot{u}_1\sin\left(\frac{\omega l}{v}\right)$$

$$=\frac{z_0}{j\sin(\omega l/v)}\dot{u}_1-\frac{z_0}{j\tan(\omega l/v)}\dot{u}_2$$

$$=\frac{z_0}{j\sin(\omega l/v)}(\dot{u}_1-\dot{u}_2)-jz_0\tan\left(\frac{\omega l}{2v}\right)\dot{u}_2 \tag{8.48}$$

一方，電極間に流れる電流 I は式 (8.33) を参考にして

$$I=j\omega Q=j\omega\iint D_3 dxdy=j\omega\int_0^b\int_0^l\left(e_{31}\frac{\partial u}{\partial y}-\varepsilon_{33}{}^S\frac{V}{t}\right)dxdy$$

$$=j\omega\phi\int_0^l\frac{\partial u}{\partial y}dy+j\omega\varepsilon_{33}{}^S\frac{lb}{t}(-V)$$

$$=j\omega\phi(u_2-u_1)+j\omega C_d(-V)=\phi(\dot{u}_2-\dot{u}_1)+j\omega C_d(-V) \tag{8.49}$$

の関係式が得られる。したがって，式 (8.47)〜(8.49) の関係式を回路表示すると（V の前の負符号は消去して）Mason の等価回路と呼ばれる図 8.8 の回路が得られる。この等価回路は，横効果縦振動子に関して近似が入らないので，すべての周波数で使用でき，電気端子を短絡したときは長さ l の分布定数線路として表される。また，縦効果厚み縦振動や厚みすべり振動などの等価回路も求められている。

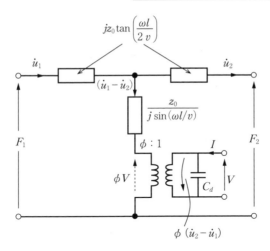

図 8.8 横効果縦振動子の Manson の等価回路

8.3 圧電振動子の等価回路

8.3.1 電気音響変換の基本式[7],[8]

圧電振動子のある一つの振動モードに着目し,振動子の機械インピーダンス z を集中定数系として近似し,電気アドミッタンスを Y_d とすると,電気端子の電圧 V と電流 I と着目する機械端子の力 F と振動速度 v の間には一般につぎの関係式 (8.50) が成り立ち,電気音響変換の基本式として知られている.

$$\left. \begin{array}{l} I = Y_d V + Av, \quad z = r + j\omega m + \dfrac{s}{j\omega} \\ F = -AV + zv \end{array} \right\} \quad (8.50)$$

ここで,r, m, s はそれぞれ**振動子**(resonator)の**等価機械抵抗**(equivalent mechanical resistance),**等価質量**(equivalent mass),**等価スチフネス**(equivalent stiffness)である.また,A は単位電圧を印加したときに発生する力,あるいは単位振動速度を与えたときに流れる電流を表す変換係数で,**力係数**(force factor)という.式 (8.50) を等価回路で表示すると,**図 8.9** のよ

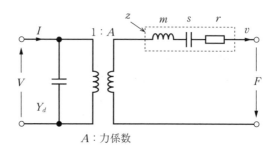

図8.9 圧電型変換器の等価回路

うになる。

つぎに，**図8.10**に示す縦振動圧電セラミック振動子を用いて式（8.50）を考察する。この場合，変位 u および電荷 Q が正弦波的に変化するとし，つぎの関係式（8.51）が成り立つ。

$$\left.\begin{array}{l}
電\ \ 界 : E = \dfrac{V}{t}, \quad 応力\ T = \dfrac{F}{bt} \quad (F:力,\ t:厚さ) \\[6pt]
ひずみ : S = \dfrac{u}{l} \quad (u:変位) \\[6pt]
速\ \ 度 : v = \dfrac{du}{dt} = \dot{u} = j\omega u = j\omega(Sl), \quad 電\ \ 流 : I = \dfrac{dQ}{dt} = j\omega Q = j\omega(Dbl)
\end{array}\right\} \tag{8.51}$$

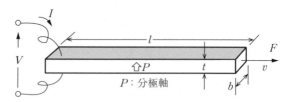

図8.10 圧電型縦振動変換器

したがって，式（8.50）の電気音響変換式は

$$\left.\begin{array}{l}
j\omega(Dbl) = Y_d E t + A j\omega(Sl) \\
T b t = -A E t + z j\omega(Sl)
\end{array}\right\} \tag{8.52}$$

となり

8.3 圧電振動子の等価回路　　137

$$\left. \begin{array}{l} T = \left(j\omega z \dfrac{l}{bt}\right)S - \left(\dfrac{A}{b}\right)E \\ D = \left(\dfrac{Y_d}{j\omega}\dfrac{t}{bl}\right)E + \left(\dfrac{A}{b}\right)S \end{array} \right\} \quad (8.53)$$

が得られる。ここで

$$\left. \begin{array}{l} Y_d = j\omega C_d = j\omega\left(\dfrac{\varepsilon bl}{t}\right) \quad (\varepsilon：誘電率) \\ e = \dfrac{A}{b}, \quad z = \dfrac{1}{j\omega}\dfrac{cbt}{l} \simeq \dfrac{s}{j\omega} \end{array} \right\} \quad (8.54)$$

とすると

$$\left. \begin{array}{l} T = cS - eE \\ D = \varepsilon E + eS \end{array} \right\} \quad (8.55)$$

となり，e 形式の圧電方程式と一致する。

8.3.2 簡易等価回路[9]

図 8.9 で $F=0$ として，圧電振動子を電気端子から見たアドミッタンスは**自由アドミッタンス**（free admittance）と呼ばれ

$$Y_f = Y_d + \dfrac{A^2}{z} = j\omega C_d + \dfrac{1}{R + j\omega L + 1/(j\omega C)} \quad (8.56)$$

と表される。ここで，C_d は**制動容量**（damped capacitance）

$$R = \dfrac{r}{A^2}, \quad L = \dfrac{m}{A^2}, \quad C = \dfrac{A^2}{s}$$

であり，それぞれ**等価電気抵抗**（equivalent electrical resistance），**等価インダクタンス**（equivalent inductance），**等価キャパシタンス**（equivalent capacitance）と呼ばれる。これを**等価回路**（equivalent circuit）で表せば図 8.11 のようになる。

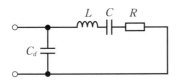

図 8.11　圧電振動子の簡易等価回路

圧電振動子の自由アドミッタンス $Y_f(=G+jB)$ の実数部をコンダクタンス G, 虚数部をサセプタンス B とし，着目する振動モードの共振周波数付近における Y_f の周波数軌跡を複素数平面上で描くと，**図 8.12** のような自由アドミッタンスサークルが得られる．

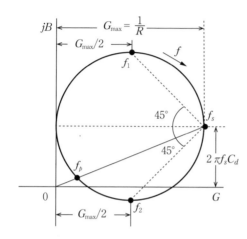

図 8.12 振動子の自由アドミッタンスサークル

図 8.11 に示した等価回路の各素子の定数は，このアドミッタンスサークルから求められる．直列共振周波数 f_s, 並列共振周波数 f_p, 最大コンダクタンス $G_{\max}$, G の値が $G_{\max}/2$ になる象限周波数 f_1（サセプタンス B が最大となる周波数），f_2（B が最小となる周波数），および共振尖鋭度 Q から，式 (8.57) によって算出できる．

$$R=\frac{1}{G_{\max}}, \quad C=\frac{1}{2\pi f_s RQ}, \quad L=\frac{1}{(2\pi f_s)^2 C}, \quad C_d=\frac{f_s^2 C}{f_p^2-f_s^2} \quad (8.57)$$

ここで

$$f_s=\frac{1}{2\pi\sqrt{LC}}, \quad f_p=f_s\sqrt{1+\frac{1}{\gamma}}, \quad Q=\frac{2\pi f_s L}{R}=\frac{f_s}{f_2-f_1}, \quad \gamma=\frac{C_d}{C}$$

(8.58)

であり，γ は**容量比**（capacitance ratio）と呼ばれ，この値が小さいほど電気機械結合の度合いが大きいことを示し，圧電振動子の性能の評価によく用いられる．

さらに，等価機械インピーダンスzの各素子値に関しては，つぎのように求めることができる．圧電振動子の等価質量mは，後述するように全質量M_0と振動モードの規準関数値から求められる．これより式(8.59)に示すように，力係数A，等価機械抵抗r，等価スチフネスsが求められる．

$$A=\sqrt{\frac{m}{L}}, \quad r=RA^2, \quad s=\frac{A^2}{C} \qquad (8.59)$$

引用・参考文献

1) 日本学術振興会弾性波素子技術第150委員会 編：弾性波素子技術ハンドブック，pp. 10-16，オーム社 (1991)
2) 尾上守夫 監修：固体振動論の基礎, pp.129-134, オーム社(1982)
3) 富川義朗 編著：超音波エレクトロニクス振動論, pp.87-93, 朝倉書店(1998)
4) W.P.Mason：Electro-mechanical Transducers and Wave Filters, pp. 195-209, D. Van Nostrand Company INC. (1948)
5) 尾上守夫 監修：固体振動論の基礎, pp.137-142, オーム社 (1982)
6) 富川義朗 編著：超音波エレクトロニクス振動論, pp. 96-100, 朝倉書店 (1998)
7) 尾上守夫 監修：固体振動論の基礎, pp. 125-129, オーム社 (1982)
8) 富川義朗 編著：超音波エレクトロニクス振動論, pp. 85-87, 朝倉書店 (1998)
9) 超音波便覧編集委員会 編：超音波便覧, pp. 106-107, 丸善 (1999)

9 振動子

9.1 縦振動子およびねじり振動子

9.1.1 縦振動子

図9.1に示す円形断面の振動子(断面積 A,長さ l)の運動を考える。振動子の**縦振動**(longitudinal vibration)は軸方向の伸び運動,および縮み運動である。振動子の振動の波長に比べ棒の太さあるいは厚さが小さいと仮定すると,横方向(厚さ方向)の変形は無視することができる振動子として取り扱うことができる。この場合,振動子の断面は平面を保ったままその内部の点は軸方向にのみ動くと考えることができる。

図において,座標 x における横断面の x 方向の変位を $u(x, t)$ とする。振動子材料のヤング率(縦弾性係数)を E,密度を ρ とする。長さ dx の微小要

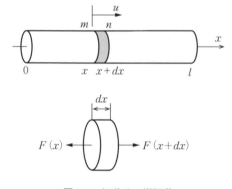

図9.1 振動子の縦振動

9.1 縦振動子およびねじり振動子　　141

素 mn を考えると，断面 m に作用するひずみ，および力は

$$\varepsilon = \frac{\partial u}{\partial x}, \quad F(x) = AE\frac{\partial u}{\partial x} \tag{9.1}$$

と表せ，断面 n に作用する力は式 (9.2) のようになる。

$$F(x+dx) = F(x) + \frac{\partial F(x)}{\partial x}dx = AE\frac{\partial u}{\partial x} + AE\frac{\partial}{\partial x}\left(\frac{\partial u}{\partial x}\right)dx \tag{9.2}$$

一方，mn の質量は $\rho dx A$ であるから微小要素 mn の運動方程式は

$$F(x+dx) - F(x) = \rho A dx \frac{\partial^2 u}{\partial t^2}, \quad \therefore \quad \rho A \frac{\partial^2 u}{\partial t^2} = AE\frac{\partial^2 u}{\partial x^2} \tag{9.3}$$

となり，式 (9.4) が得られる[1),2)]。

$$\frac{\partial^2 u}{\partial t^2} = c^2 \frac{\partial^2 u}{\partial x^2}, \quad c = \sqrt{\frac{E}{\rho}} \tag{9.4}$$

ここで，c は振動子内を伝わる縦波の速度である。

振動子は，通常ある特定の第 n 次振動モードあるいはそのごく近傍で使用するので，ここでは第 n 次振動成分だけを取り扱う。

変位を $u = Ae^{j\omega t}\cos\alpha X$, $X = x/l$, $\alpha = n\pi$ とおくと

$$\left(\frac{c^2 \alpha^2}{l^2} - \omega^2\right) Ae^{j\omega t}\cos\alpha X = 0 \tag{9.5}$$

となり，これより共振角周波数 ω_n は

$$\omega_n = \frac{\alpha c}{l} = \frac{n\pi}{l}\sqrt{\frac{E}{\rho}} \tag{9.6}$$

で与えられる。

9.1.2　ねじり振動子

ここでは，円形断面の振動子（半径 r, 長さ l）の**ねじり振動**（torsional vibration）を考える。いま，**図9.2**に示すように振動子の軸方向に x 軸をとり，座標 x における横断面の回転角を θ とする。また，振動子材料の剛性率（横弾性係数）を G, 密度を ρ とする。図の長さ dx の微小要素 mn を考え，断面 m に作用するねじりモーメントを $M_t(x)$ とする。断面 n に作用するねじりモーメントは

142   9. 振　　動　　子

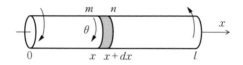

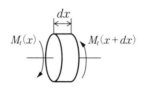

図 9.2　振動子のねじり振動

$$M_t(x+dx) = M_t(x) + \frac{\partial M_t(x)}{\partial x} dx \tag{9.7}$$

で与えられる。

　一方，振動子の断面 2 次モーメントは $I_p = \pi r^4/2$ であり，微小要素 mn の軸まわりの慣性モーメントは $\rho I_p dx$ であるから，その回転の運動方程式は

$$M_t(x+dx) - M_t(x) = (\rho I_p dx)\frac{\partial^2 \theta}{\partial t^2}, \quad \therefore \quad \rho I_p \frac{\partial^2 \theta}{\partial t^2} = \frac{\partial M_t(x)}{\partial x} \tag{9.8}$$

となる。ねじりモーメント $M_t(x)$ は，ねじり剛性 GI_p を用いて

$$M_t(x) = GI_p \frac{\partial \theta}{\partial x} \tag{9.9}$$

で与えられるから，式 (9.9) を式 (9.8) に代入して

$$\rho I_p \frac{\partial^2 \theta}{\partial t^2} = \frac{\partial}{\partial x}\left(GI_p \frac{\partial \theta}{\partial x}\right) \tag{9.10}$$

となる。振動子の断面が一様な場合は以下の式 (9.11) が得られる[1),3)]。

$$\frac{\partial^2 \theta}{\partial t^2} = c^2 \frac{\partial^2 \theta}{\partial x^2}, \quad c = \sqrt{\frac{G}{\rho}} \tag{9.11}$$

　式 (9.11) は式 (9.4) と同一であり，振動子の縦振動の運動方程式と同様の方程式で与えられ，その n 次の共振角周波数 ω_n は

$$\omega_n = \frac{n\pi}{l}\sqrt{\frac{G}{\rho}} \tag{9.12}$$

で与えられる。

また，共振は第1次共振から無数に存在し，変位 u は各振動モードの和として

$$u = A_0 + A_1 \cos \alpha_1 x + A_2 \cos \alpha_2 x + \cdots = \sum_{n=0}^{\infty} A_n \cos \alpha_n x \quad (9.13)$$

と考えることができる。

ここで，A_n は振幅を表す係数であるが，振動子の全質量を M_0 とし

$$\int_V u^2 \rho dV = M_0 \quad (9.14)$$

で規準化し，規準化した振幅 A_n を使用して表した変位 $\varXi(x)$ を規準関数[4],[5]と呼ぶ。縦振動，およびねじり振動の場合

$$\varXi_n(X) = \sqrt{2} \cos \alpha_n X, \quad \varXi_0(X) = 1 \quad (9.15)$$

となり，振動モードの絶対値を決定することができる。図 9.3 に，0～3 次 ($n=0~3$) の縦振動子およびねじり振動子の振動モードを示す。

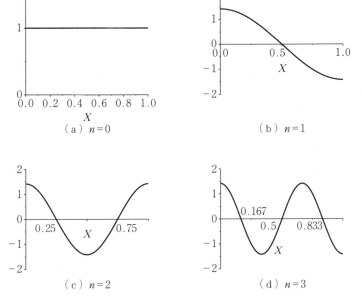

図 9.3　0～3 次の縦振動子およびねじり振動子の振動モード

つぎに振動子の等価質量の算出方法について述べる[6]。振動子のある着目点（例えば，駆動点位置）における等価質量を m_0，その点での振動速度を v_0 とすると，運動エネルギーは $T = m_0 v_0^2/2$ であり，分布定数系の全運動エネルギーは

$$T = \frac{1}{2} \int_0^l A\rho \left(\frac{du}{dt}\right)^2 dx \tag{9.16}$$

と表される。したがって，両者を等しいとおくと

$$-\frac{1}{2} m_0 \omega^2 u_0^2 = -\frac{1}{2} \omega^2 \int_0^l A\rho u^2 dx, \quad \therefore \quad m_0 = \frac{1}{u_0^2} \int_0^l A\rho u^2 dx = \frac{M_0}{\Xi(X)^2} \tag{9.17}$$

となり，等価質量は着目点での規準関数 $\Xi(X)$ に依存する。特に，振動子先端 $(X=0)$ における等価質量は $m_0 = \dfrac{M_0}{(\sqrt{2})^2} = M_0/2$ となる。

図9.4（a），（b）は，規準関数を用いた集中定数系の等価回路および変換回路であり，0次は剛体振動を表している。

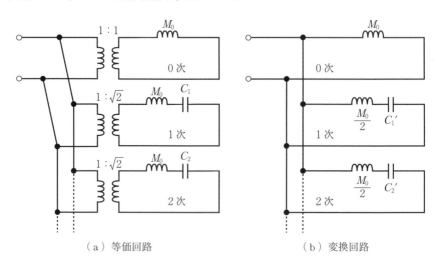

（a）等価回路　　　（b）変換回路

図9.4　規準関数を用いた集中定数系の等価回路および変換回路

9.2 横振動子

図 9.5に示すような横振動子（屈曲振動子）を考える．ここで，はり断面の厚さあるいは太さはその長さと比べて小さいと仮定し，「はりの横断面は曲げを受けても平面で軸線に平行な層に垂直である」とする．この場合，横断面内の曲げモーメント M は

$$M = -EI \frac{\partial^2 y}{\partial x^2} \tag{9.18}$$

で表される．ここで，I ははりの断面2次モーメントで EI は曲げ剛性である．

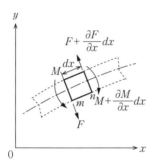

図 9.5 横振動子の座標

いま，x における長さ dx のはりの微小要素 mn を考えると，断面 m, n に作用する曲げモーメントとせん断力は図9.5に示すようになる．一方，A をはりの断面積，ρ を密度とすると微小要素 mn の質量は $\rho A dx$ となる．はりの変位は小さいとし，たわみ曲線はほとんど平たんであると見なすと，微小要素 mn の運動は x 軸に垂直な並進のみと考えてよいので

$$\rho A dx \frac{\partial^2 y}{\partial t^2} = \frac{\partial F}{\partial x} dx, \quad F dx - \frac{\partial M}{\partial x} dx = 0 \tag{9.19}$$

あるいは

$$\rho A \frac{\partial^2 y}{\partial t^2} = \frac{\partial F}{\partial x}, \quad F = \frac{\partial M}{\partial x} \tag{9.20}$$

となる。式 (9.18) を式 (9.20) に代入すると

$$\frac{\partial^2}{\partial x^2}\left(EI\frac{\partial^2 y}{\partial x^2}\right)+\rho A\frac{\partial^2 y}{\partial t^2}=0 \qquad (9.21)$$

となる。式 (9.21) は，微小要素 mn の回転は小さいとして無視し，並進運動のみを考えた場合の振動子の運動方程式である。

振動子の断面が一様な材質の場合，式 (9.22) が得られる[7]〜[9]。

$$EI\frac{\partial^4 y}{\partial x^4}+\rho A\frac{\partial^2 y}{\partial t^2}=0 \qquad (9.22)$$

ここで，$y=y(x)e^{j\omega t}$ とおき，さらに

$$\alpha^4=\frac{\rho A}{EI}\omega^2 l^4, \quad X=\frac{x}{l} \qquad (9.23)$$

と置換して，簡単のために $e^{j\omega t}$ を省略すると最終的に式 (9.24) が得られる。

$$\frac{\partial^4 y(X)}{\partial X^4}-\alpha^4 y(X)=0 \qquad (9.24)$$

この方程式の解 $y(X)$ は

$$y(X)=a_1\cosh\alpha X+a_2\sinh\alpha X+a_3\cos\alpha X+a_4\sin\alpha X \qquad (9.25)$$

のように与えられる。また，横振動子の共振角周波数は

$$\omega_n=\frac{\alpha_n^2}{l^2}\sqrt{\frac{EI}{\rho A}} \qquad (9.26)$$

で算出される。ここで，α_n は共振周波数定数で振動子の端条件によって定まる定数である。一例として，両端自由の横振動子の場合，共振周波数定数 α_n は

$$\cosh\alpha_n\cos\alpha_n-1=0 \qquad (9.27)$$

により決定され，α_n の値は**表 9.1** のように算出される。

横振動子の変位 $y(X)$ を規準関数 $\Xi_{yn}(X)$ で表示すると，両端自由の横振動子の場合，式 (9.28) のように表現される。

表 9.1 両端自由の横振動子の共振周波数定数 α_n

n	1	2	3	4	5
α_n	4.730 04	7.853 20	10.995 61	14.137 17	17.278 8

$$\mathit{\Xi}_{y01}(X)=1, \quad \mathit{\Xi}_{y02}(X)=\sqrt{2}\left(X-\frac{1}{2}\right),$$

$$\mathit{\Xi}_{yn}(X)=\cosh \alpha_n X+\cos \alpha_n X-\Phi_n(\sinh \alpha_n X+\sin \alpha_n X),$$

$$\Phi_n=\frac{\cosh \alpha_n-\cos \alpha_n}{\sinh \alpha_n-\sin \alpha_n} \tag{9.28}$$

ここで，$\mathit{\Xi}_{y01}(X)$，$\mathit{\Xi}_{y02}(X)$ は 0 次の剛体モードであり，$\mathit{\Xi}_{yn}(X)$ の値を $n=$ 1～4 について表現すると図 9.6 のようになる．また，振動子先端の等価質量は規準関数の値が $\mathit{\Xi}_{yn}(0)=2$ であるから $M_0/[\mathit{\Xi}_{yn}(0)]^2=M_0/4$ となる．

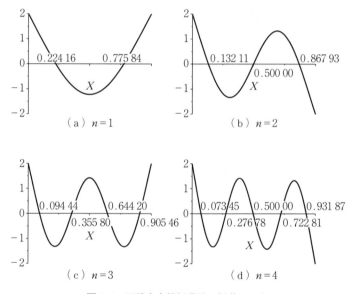

図 9.6 両端自由横振動子の振動モード

両端自由の横振動子は，横振動子として低周波領域での**メカニカルフィルタ**（electro-mechanical filter）用の変換子として広く用いられている．

図 9.7 に示す一端固定他端自由の横振動子は，片持ち棒振動子とも呼ばれている．このような振動子の共振周波数は式（9.26）から求められるが，その共振周波数定数 α_n の決定式は

$$\cosh \alpha_n \cos \alpha_n+1=0 \tag{9.29}$$

148   9. 振　　動　　子

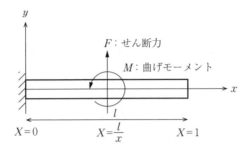

図 9.7　片持ち棒振動子

の根として算出される。**表 9.2** に $n=1\sim4$ の共振周波数定数 α_n を示す。この場合，規準関数 $\varXi_{yn}(X)$ は式 (9.30) で算出される。

表 9.2　一端固定他端自由の横振動子の共振周波数定数 α_n

n	1	2	3	4
α_n	1.875 10	4.694 09	7.854 76	10.995 54

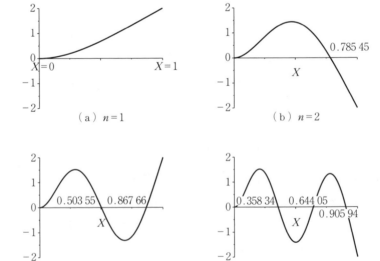

図 9.8　片持ち棒振動子の振動モード

$$\Xi_{yn}(X) = \cosh \alpha_n X - \cos \alpha_n X - \Phi_n(\sinh \alpha_n X - \sin \alpha_n X),$$

$$\Phi_n = \frac{\sinh \alpha_n - \sin \alpha_n}{\cosh \alpha_n + \cos \alpha_n} \tag{9.30}$$

図9.8は，$n=1 \sim 4$ の振動モードを図示したものである。片持ち棒振動子は支持固定条件を満足させることが容易ではないため，片持ち棒振動子を二つ用いて対象アーム構成とした**音さ型振動子**（tuning fork）とすることで，高Q化が図られており，その設計理論も体系化されている[10]。

引用・参考文献

1) 亘理 厚：機械振動論, pp. 50-51, 丸善（1966）
2) 斎藤秀雄：工業基礎振動学, pp. 175-176, 養賢堂（1977）
3) 斎藤秀雄：工業基礎振動学, pp. 190-192, 養賢堂（1977）
4) 永井健三，近野 正：電気・機械振動子とその応用, 第2章, コロナ社（1974）
5) 近野 正 編：ダイナミカル・アナロジー入門, 第3章, コロナ社（1980）
6) 富川義朗 編著：超音波エレクトロニクス振動論, pp. 170-172, 朝倉書店（1998）
7) 富川義朗 編著：超音波エレクトロニクス振動論, pp. 173-181, 朝倉書店（1998）
8) 斎藤秀雄：工業基礎振動学, pp. 194-197, 養賢堂（1977）
9) 亘理 厚：機械振動論, pp. 58-62, 丸善（1966）
10) 永井健三，近野 正：電気・機械振動子とその応用, 第9章, コロナ社（1974）

10 マトリクス法と有限要素法

10.1 振動体のマトリクス表示と特性解析

10.1.1 振動体のマトリクス表示

電気回路で行われているように,回路網解析においてはマトリクスを用いた数値解析が便利である。このマトリクスは振動の微分方程式を取り扱うものである。電気回路では,**インピーダンスマトリクス**（impedance matrix）Zや**アドミッタンスマトリクス**（admittance matrix）Yなどが使用されるが,振動問題に対しても同様なマトリクス表示が可能である。縦振動やねじり振動については分布定数回路として取り扱うことができるため,ここでは横振動子に対する近野の結果について紹介する[1),2)]。

図 **10.1** に示す横振動子の運動方程式は,式 (9.23),(9.24) にも示したように,変位を u とすると

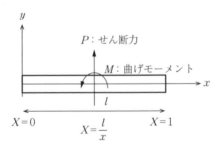

図 **10.1** 横振動子の力とモーメント

10.1 振動体のマトリクス表示と特性解析

$$\frac{\partial^4 u(X)}{\partial X^4} - \alpha^4 u(X) = 0, \quad \alpha^4 = \frac{\rho A}{K}\omega^2 l^4, \quad X = \frac{x}{l} \qquad (10.1)$$

で与えられる。ここで，$K=EI$ は曲げ剛性であり，E, I はそれぞれヤング率，および断面2次モーメントである。

なお，せん断力 P と曲げモーメント M は式 (10.2) のようにおく。

$$\begin{bmatrix} P \\ M \end{bmatrix} = \begin{bmatrix} \dfrac{K}{j\omega l^3} \dfrac{\partial^3 u(X)}{\partial X^3} \\ -\dfrac{K}{j\omega l^2} \dfrac{\partial^2 u(X)}{\partial X^2} \end{bmatrix} \qquad (10.2)$$

変位 $u(X)$ は式 (10.1) より $a_1 \sim a_4$ を未定定数として

$$u(X) = a_1 \cos \alpha X + a_2 \sin \alpha X + a_3 \cosh \alpha X + a_4 \sinh \alpha X \qquad (10.3)$$

とおけるから，任意点 X の P, M および速度 $\dot{u}$，角変位速度 $\dot{\theta}$ は $a_1 \sim a_4$ との関係から

$$\begin{bmatrix} P_X \\ M_X \\ \dot{u}_X \\ \dot{\theta}_X \end{bmatrix} = [E_X] \begin{bmatrix} a_1 \\ a_2 \\ a_3 \\ a_4 \end{bmatrix}, \quad \tan \theta_X = \frac{1}{l} \frac{du(X)}{dX} \approx \theta_X \qquad (10.4)$$

$$[E_X] = \begin{bmatrix} \dfrac{K}{j\omega}\underline{\alpha}^3 s_X & -\dfrac{K}{j\omega}\underline{\alpha}^3 c_X & \dfrac{K}{j\omega}\underline{\alpha}^3 S_X & \dfrac{K}{j\omega}\underline{\alpha}^3 C_X \\ \dfrac{K}{j\omega}\underline{\alpha}^2 c_X & \dfrac{K}{j\omega}\underline{\alpha}^2 s_X & -\dfrac{K}{j\omega}\underline{\alpha}^2 C_X & -\dfrac{K}{j\omega}\underline{\alpha}^2 S_X \\ c_X & s_X & C_X & S_X \\ -\underline{\alpha} s_X & \underline{\alpha} c_X & \underline{\alpha} S_X & \underline{\alpha} C_X \end{bmatrix},$$

$$\underline{\alpha}^n = \left(\frac{\alpha}{l}\right)^n, \quad c_X = \cos \alpha X, \quad s_X = \sin \alpha X, \quad C_X = \cosh \alpha X,$$

$$S_X = \sinh \alpha X \qquad (10.5)$$

と与えられる。

$X=0$ で $[E_{X=0}] = [E_1]$，$X=1$ で $[E_{X=1}] = [E_2]$ とすると

$$\begin{bmatrix} P_1 \\ M_1 \\ \dot{u}_1 \\ \dot{\theta}_1 \end{bmatrix} = [E_1][E_2]^{-1} \begin{bmatrix} P_2 \\ M_2 \\ \dot{u}_2 \\ \dot{\theta}_2 \end{bmatrix} = [\Gamma_{12}] \begin{bmatrix} P_2 \\ M_2 \\ \dot{u}_2 \\ \dot{\theta}_2 \end{bmatrix} \tag{10.6}$$

$$[\Gamma_{12}] = \frac{1}{2}\begin{bmatrix} c+C & -(s-S)\underline{\alpha} & -\dfrac{K}{j\omega}(s+S)\underline{\alpha}^3 & -\dfrac{K}{j\omega}(c-C)\underline{\alpha}^2 \\ \dfrac{s+S}{\underline{\alpha}} & c+C & \dfrac{K}{j\omega}(c-C)\underline{\alpha}^2 & -\dfrac{K}{j\omega}(s-S)\underline{\alpha} \\ \dfrac{K}{j\omega}\dfrac{(s-S)}{\underline{\alpha}^3} & \dfrac{j\omega}{K}\dfrac{(c-C)}{\underline{\alpha}^2} & c-C & -\dfrac{(s+S)}{\underline{\alpha}} \\ -\dfrac{j\omega}{K}\dfrac{(c-C)}{\underline{\alpha}^2} & \dfrac{j\omega}{K}\dfrac{(s+S)}{\underline{\alpha}} & (s-S)\underline{\alpha} & c+C \end{bmatrix},$$

$$c=\cos\alpha, \quad s=\sin\alpha, \quad C=\cosh\alpha, \quad S=\sinh\alpha \tag{10.7}$$

が得られる。これは電気回路網における**伝達マトリクス**（transfer matrix）Γ に相当する。

これを一般等価機械回路網で表示すると，**図 10.2** のように表現される。同様の考察から電気回路網での Z マトリクス，Y マトリクスが求められる。これらのマトリクスは，その使用される目的によって使い分けるのが便利であり，図に関連する等価機械回路網では，種々の端条件によるマトリクス表示も整理・体系化されている[1),2)]。

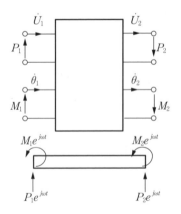

図 10.2　一般等価機械回路網

10.1.2 片持ち複合棒・双共振子の解析[3)]

〔1〕 片持ち複合棒・双共振子の構造と等価機械回路網

　図 10.3（a）は，ここで考察する片持ち複合棒・双共振子で，上部の自由端側を I，下部の固定端側を II とすると，その振動モードは図（b）に示すように x, y 振動方向によってそれぞれ異なり，それらの等価機械モデルは**図 10.4**（a），（b）のように表される。

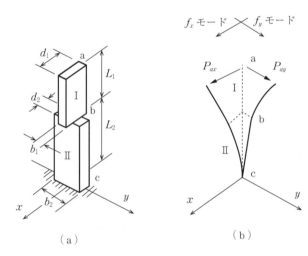

図 10.3　片持ち複合棒・双共振子とその振動モード

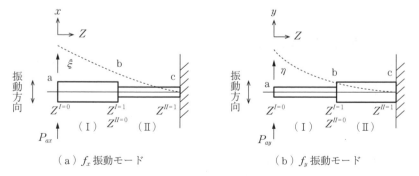

（a）f_x 振動モード　　　　　（b）f_y 振動モード

図 10.4　片持ち複合棒・双共振子の機械モデル

さらに,図 10.4 (a), (b) は $i=x, y$ として**図 10.5** のようにまったく同形の等価機械回路網で表すことができる。ここで,図中の I, II はそれぞれ棒 I, II 部を示し,a, b, c はそれぞれ自由端,接続点,および固定端を表す。また,$V_i(Z)$ は任意点 Z における変位速度で $i=x$ のとき $\xi=V_x(Z)/(j\omega)$, $i=y$ のとき $\eta=V_y(Z)/(j\omega)$ として変位解を求めることができ,さらに,変位解を規準化することにより規準関数 $\Xi_i(Z)$ を算出することができる。以下では基本振動のみを考察の対象とし,x 方向についてだけ解析を行うが,y 方向については各部の寸法を入れ替えるだけで同様に取り扱えるので,以下では図 10.5 における添え字 i を省略して記述する。

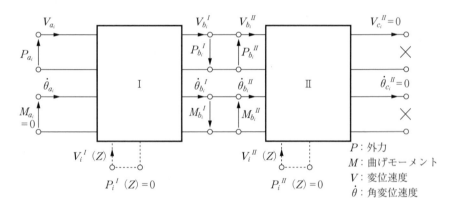

図 10.5 片持ち複合棒・双共振子の等価機械回路網 ($i=x, y$)

〔2〕 **共振周波数の算出**

図 10.4 (a), (b) に示したように,自由端 a を駆動した場合を考える。座標を図のようにとれば棒 I, II 部はそれぞれ式 (10.8),(10.9) のように表される。ただし,各行列要素についてはすでに求められているので[1],ここでは省略する。

$$\begin{bmatrix} V_a \\ V_b{}^I \\ \dot{\theta}_b{}^I \end{bmatrix} = \begin{bmatrix} y_{aa}{}^I & y_{ab}{}^I & \overline{Y}_{ab}{}^I \\ y_{ba}{}^I & y_{bb}{}^I & \overline{Y}_{bb}{}^I \\ Y_{ba}{}^I & Y_{bb}{}^I & Y_{bb}{}^I \end{bmatrix} \begin{bmatrix} P_a \\ P_b{}^I \\ M_b{}^I \end{bmatrix} \quad (10.8)$$

10.1 振動体のマトリクス表示と特性解析

$$\begin{bmatrix} V_b{}^{II} \\ \dot{\theta}_b{}^{II} \end{bmatrix} = \begin{bmatrix} y_{bb'}{}^{II} & \overline{Y}_{bb'}{}^{II} \\ Y_{bb'}{}^{II} & Y_{bb'}{}^{II} \end{bmatrix} \begin{bmatrix} P_b{}^{II} \\ M_b{}^{II} \end{bmatrix} \tag{10.9}$$

また,その接続条件は

$$V_b{}^I = V_b{}^{II}, \quad \dot{\theta}_b{}^I = \dot{\theta}_b{}^{II}, \quad P_b{}^I = -P_b{}^{II}, \quad M_b{}^I = -M_b{}^{II} \tag{10.10}$$

である。したがって,共振周波数決定式は式 (10.8) に式 (10.9),(10.10) を代入し,さらにアドミッタンス要素を代入して**駆動点インピーダンス**(driving-point impedance)$Z_{in} = P_a/V_a = 0$ から,式 (10.11) のように求められる。

$$H_3{}^I H_3{}^{II} + \beta \gamma H_4{}^I H_4{}^{II} + \beta^{3/4} \gamma^{1/4} H_5{}^I H_6{}^{II} + \beta^{1/4} \gamma^{3/4} H_6{}^I H_5{}^{II} - 2\beta^{1/2} \gamma^{1/2} H_1{}^I H_1{}^{II} = 0 \tag{10.11}$$

ここで,$H_1 \sim H_6$ は式 (10.12) で定義される関数であり,添え字 I,II は棒 I,II 部を表す。また,β, γ は λ, κ などとともに式 (10.13) のように定めた寸法比パラメータである。

$$H_1 = \sinh \alpha \sin \alpha, \quad H_3 = \cosh \alpha \cos \alpha - 1, \quad H_4 = \cosh \alpha \cos \alpha + 1,$$
$$H_5 = \sinh \alpha \cos \alpha - \cosh \alpha \sin \alpha, \quad H_6 = \sinh \alpha \cos \alpha + \cosh \alpha \sin \alpha \tag{10.12}$$

$$\beta \equiv \frac{S_2 \rho_2}{S_1 \rho_1} \text{(断面積×密度の比)}, \quad \gamma \equiv \frac{K_2}{K_1} \text{(曲げ剛性の比)},$$

$$\lambda \equiv \frac{L_2}{L_1} \text{(長さ寸法比)}, \quad \kappa \equiv \frac{\alpha_2}{\alpha_1} = \beta^{1/4} \gamma^{-1/4} \lambda,$$

$$\alpha_j{}^4 = \frac{\rho_j S_j}{K_j} \omega^2 L_j{}^4, \quad K_j = E_j I_j, \quad S_j = d_j b_j \quad (j=1, 2) \tag{10.13}$$

ここで,α_j:周波数規準定数,ρ_j:密度,S_j:断面積,E_j:ヤング率,I_j:断面2次モーメントである。

一例として,図 10.3(a)に示した片持ち複合棒・双共振子について,各寸法比パラメータを変えた場合の第1次共振周波数(f_x, f_y)の計算結果を**図 10.6** に示す。なお,計算では $\rho_1 = \rho_2 = 7\,830\,\text{kg/m}^3$,$E_1 = E_2 = 2 \times 10^{11} \text{N/m}^2$ とした。式 (10.13) で寸法比 (λ, β, γ) を適切に選ぶことにより片持ち複合棒・双共振子の周波数 (f_x, f_y) を一致させることができる。

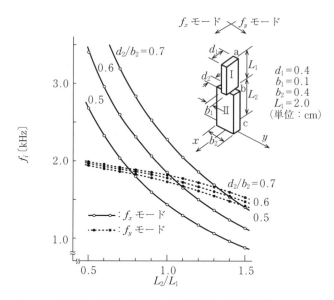

図 10.6 片持ち複合棒・双共振子の共振周波数の計算結果 $(i=x, y)$

〔3〕 振動モードの解析

片持ち複合棒・双共振子の共振時における振動モードは，任意点の振動速度 $V(Z)$ から算出できる．棒 I 部の任意点 Z における変位速度 $V^I(Z)$ は，図 10.5 の等価回路網における端条件，および共振条件を考慮して

$$V^I(Z) = y_b{}^I(Z)P_b{}^I + \overline{Y}_b{}^I(Z)M_b{}^I \tag{10.14}$$

と与えられる．ただし

$$y_b{}^I(Z) = \frac{j\omega}{2K_1 H_3{}^I \underline{\alpha_1}^3}[H_8{}^I H_9{}^I(Z) - H_{10}{}^I H_7{}^I(Z)],$$

$$\overline{Y}_b{}^I(Z) = \frac{j\omega}{2K_1 H_3{}^I \underline{\alpha_1}^2}[H_7{}^I H_7{}^I(Z) + H_{10}{}^I H_9{}^I(Z)],$$

$H_7 = \sin\alpha + \sinh\alpha, \quad H_8 = \sin\alpha - \sinh\alpha, \quad H_{10} = \cos\alpha - \cosh\alpha,$

$H_7(Z) = \sin\alpha Z + \sinh\alpha Z, \quad H_9(Z) = \cos\alpha Z + \cosh\alpha Z,$

$\underline{\alpha_1} = \dfrac{\alpha_1}{L_1}$

10.1 振動体のマトリクス表示と特性解析

である。したがって，式 (10.8)～(10.10) より端子力 $P_b{}^I$, $M_b{}^I$ を駆動点での変位速度 V_a の関数として表すと，棒 I 部の振動モードを表す特性関数 $U^I(Z) = V^I(Z)/V_a$ が式 (10.15) のように求まる。

$$U^I(Z) = \frac{y_b{}^I(Z) A_1 + \overline{Y_b{}^I}(Z) A_2}{\Delta} \tag{10.15}$$

ここで

$$A_1 = \frac{(j\omega)^2}{K_1{}^2 \underline{\alpha_1}{}^4} \left[\frac{H_{10}{}^I H_1{}^I - H_8{}^I H_6{}^I}{(H_3{}^I)^2} - \beta^{-1/2}\gamma^{-1/2} \frac{H_{10}{}^I H_1{}^{II}}{H_3{}^I H_4{}^{II}} - \beta^{-1/4}\gamma^{-3/4} \frac{H_8{}^I H_6{}^{II}}{H_3{}^I H_4{}^{II}} \right],$$

$$A_2 = \frac{(j\omega)^2}{K_1{}^2 \underline{\alpha_1}{}^5} \left[\frac{H_8{}^I H_1{}^I + H_{10}{}^I H_5{}^I}{(H_3{}^I)^2} - \beta^{-1/2}\gamma^{-1/2} \frac{H_8{}^I H_1{}^{II}}{H_3{}^I H_4{}^{II}} + \beta^{-3/4}\gamma^{-1/4} \frac{H_{10}{}^I H_5{}^{II}}{H_3{}^I H_4{}^{II}} \right],$$

$$\Delta = \frac{(j\omega)^3 H_8{}^I H_{10}{}^I}{K_1{}^3 \underline{\alpha_1}{}^7 (H_3{}^I)^2} \left[2\frac{H_1{}^I}{H_3{}^I} - \beta^{-1/2}\gamma^{-1/2}\frac{H_1{}^{II}}{H_4{}^{II}} - \frac{H_8{}^I}{H_{10}{}^I}\left(\frac{H_6{}^I}{H_3{}^I} + \beta^{-1/4}\gamma^{-3/4}\frac{H_6{}^{II}}{H_4{}^{II}}\right) \right.$$

$$\left. + \frac{H_{10}{}^I}{H_8{}^I}\left(\frac{H_5{}^I}{H_3{}^I} + \beta^{-3/4}\gamma^{-1/4}\frac{H_5{}^{II}}{H_4{}^{II}}\right) \right]$$

である。同様にして棒 II 部の任意点 Z における変位速度 $V^{II}(Z)$ は

$$V^{II}(Z) = y_b{}^{II}(Z) P_b{}^{II} + \overline{Y_b{}^{II}}(Z) M_b{}^{II} \tag{10.16}$$

と与えられる。ここで

$$y_b{}^{II}(Z) = \frac{j\omega}{2 K_2 H_4{}^{II} \underline{\alpha_2}{}^3} [-H_1{}^{II} H_7{}^{II}(Z) - H_4{}^{II} H_8{}^{II}(Z) - H_5{}^{II} H_9{}^{II}(Z)],$$

$$\overline{Y_b{}^{II}}(Z) = \frac{j\omega}{2 K_2 H_4{}^{II} \underline{\alpha_2}{}^3} [-H_1{}^{II} H_9{}^{II}(Z) + H_4{}^{II} H_{10}{}^{II}(Z) + H_6{}^{II} H_7{}^{II}(Z)],$$

$$H_8(Z) = \sin \alpha Z - \sinh \alpha Z, \quad H_{10}(Z) = \cos \alpha Z - \cosh \alpha Z,$$

$$\underline{\alpha_2} = \frac{\alpha_2}{L_2}$$

である。したがって，式 (10.8)～(10.10) より端子力 $P_b{}^{II}$, $M_b{}^{II}$ を駆動点での変位速度 V_a の関数として表すと，棒 I 部と II 部が接続した場合の共振時における II 部の特性関数 $U^{II}(Z) = V^{II}(Z)/V_a$ は

$$U^{II}(Z) = -\frac{y_b{}^{II}(Z) A_1 + \overline{Y_b{}^{II}}(Z) A_2}{\Delta} \tag{10.17}$$

と与えられる。

式（10.15），（10.17）の特性関数 $U^I(Z)$, $U^{II}(Z)$ は式（10.18）のように表すことができる。

$$U^I(Z) = A_0 \left[\sin \alpha_1 Z + \sinh \alpha_1 Z + \frac{B_1}{A_0}(\cos \alpha_1 Z + \cosh \alpha_1 Z) \right],$$

$$U^{II}(Z) = A_0 \left(\frac{B_2}{A_0} \sin \alpha_2 Z + \frac{B_3}{A_0} \cos \alpha_2 Z + \frac{B_4}{A_0} \sinh \alpha_2 Z \right.$$

$$\left. + \frac{B_5}{A_0} \cosh \alpha_2 Z \right) \qquad (10.18)$$

ただし

$$\frac{B_1}{A_0} = \frac{\alpha_1 A_2 H_{10}{}^I + A_1 H_8{}^I}{\alpha_1 A_2 H_7{}^I - A_1 H_{10}{}^I},$$

$$\frac{B_2}{A_0} = \beta^{-3/4} \gamma^{-1/4} \frac{H_3{}^I}{H_4{}^{II}} \left(\frac{A_1 H_1{}^{II} + A_1 H_4{}^{II} - \alpha_2 A_2 H_6{}^{II}}{\alpha_1 A_2 H_7{}^I - A_1 H_{10}{}^I} \right),$$

$$\frac{B_3}{A_0} = \beta^{-3/4} \gamma^{-1/4} \frac{H_3{}^I}{H_4{}^{II}} \left(\frac{A_1 H_5{}^{II} + \alpha_2 A_2 H_1{}^{II} - \alpha_2 A_2 H_4{}^{II}}{\alpha_1 A_2 H_7{}^I - A_1 H_{10}{}^I} \right),$$

$$\frac{B_4}{A_0} = \beta^{-3/4} \gamma^{-1/4} \frac{H_3{}^I}{H_4{}^{II}} \left(\frac{A_1 H_1{}^{II} - \alpha_2 A_2 H_6{}^{II} - A_1 H_4{}^{II}}{\alpha_1 A_2 H_7{}^I - A_1 H_{10}{}^I} \right),$$

$$\frac{B_5}{A_0} = \beta^{-3/4} \gamma^{-1/4} \frac{H_3{}^I}{H_4{}^{II}} \left(\frac{A_1 H_5{}^{II} + \alpha_2 A_2 H_1{}^{II} + \alpha_2 A_2 H_4{}^{II}}{\alpha_1 A_2 H_7{}^I - A_1 H_{10}{}^I} \right)$$

である。ここで，式（10.19）を用いて特性関数の規準化を行う。

$$L_1 \rho_1 S_1 \int_0^1 [U^I(Z)]^2 dZ + L_2 \rho_2 S_2 \int_0^1 [U^{II}(Z)]^2 dZ = M_0,$$

$$M_0 \equiv L_1 \rho_1 S_1 + L_2 \rho_2 S_2 \qquad (10.19)$$

ここで，M_0 は片持ち複合棒・双共振子の全質量である。

式（10.18）を式（10.19）に代入することにより規準化された係数 A_0 は

$$A_0 = \sqrt{\frac{1 + \beta \lambda}{I_0{}^I + \beta \lambda I_0{}^{II}}} \qquad (10.20)$$

と与えられる。ここで

$$I_0{}^I = I_1{}^I + \left(\frac{B_1}{A_0} \right)^2 I_2{}^I + 2 \frac{B_0}{A_0} I_3{}^I,$$

10.1 振動体のマトリクス表示と特性解析　159

$$I_0{}^{II} = \left(\frac{B_2}{A_0}\right)^2 I_1{}^{II} + \left(\frac{B_3}{A_0}\right)^2 I_2{}^{II} + 2\frac{B_2 B_3}{A_0{}^2} I_3{}^{II} + \left(\frac{B_4}{A_0}\right)^2 I_4{}^{II}$$

$$+ \left(\frac{B_5}{A_0}\right)^2 I_5{}^{II} + 2\frac{B_4 B_5}{A_0{}^2} I_6{}^{II} + 2\frac{B_2 B_4}{A_0{}^2} I_7{}^{II}$$

$$+ 2\frac{B_2 B_5}{A_0{}^2} I_8{}^{II} + 2\frac{B_3 B_4}{A_0{}^2} I_9{}^{II} + 2\frac{B_3 B_5}{A_0{}^2} I_{10}{}^{II},$$

$$I_1{}^{I} = \frac{2\sinh\alpha_1 \cosh\alpha_1 - \sin 2\alpha_1 - 4 H_5{}^{I}}{4\alpha_1},$$

$$I_2{}^{I} = \frac{2\sinh\alpha_1 \cosh\alpha_1 + \sin 2\alpha_1 + 4\alpha_1 + 4 H_6{}^{I}}{4\alpha_1}, \quad I_3{}^{I} = \frac{(H_7{}^{I})^2}{2\alpha_1},$$

$$I_1{}^{II} = \frac{2\alpha_2 - \sin 2\alpha_2}{4\alpha_2}, \quad I_2{}^{II} = \frac{2\alpha_2 + \sin 2\alpha_2}{4\alpha_2}, \quad I_3{}^{II} = \frac{\sin^2\alpha_2}{2\alpha_2},$$

$$I_4{}^{II} = \frac{\sinh\alpha_2 \cosh\alpha_2 - \alpha_2}{2\alpha_2}, \quad I_5{}^{II} = \frac{\sinh\alpha_2 \cosh\alpha_2 + \alpha_2}{2\alpha_2},$$

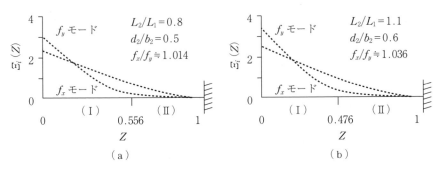

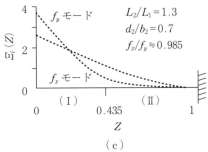

図10.7　片持ち複合棒・双共振子の規準関数の数値計算例
　　　　　($L_1=2.0$, $d_1=0.4$, $b_1=0.1$, $b_2=0.4$, 単位：cm)

$$I_6{}^{II} = \frac{\sinh^2 \alpha_2}{2\alpha_2}, \quad I_7{}^{II} = -\frac{H_5{}^{II}}{2\alpha_2}, \quad I_8{}^{II} = \frac{H_1{}^{II} - H_2{}^{II} + 1}{2\alpha_2},$$

$$I_9{}^{II} = \frac{H_1{}^{II} + H_2{}^{II} - 1}{2\alpha_2}, \quad I_{10}{}^{II} = \frac{H_6{}^{II}}{2\alpha_2}, \quad H_2{}^{II} = \cosh \alpha_2 \cos \alpha_2 \quad (10.21)$$

である。

規準化された特性関数すなわち規準関数の数値計算例を，**図10.7** および**表10.1** に示す。

表10.1 片持ち複合棒・双共振子の規準関数 $\Xi_x(Z)$, $\Xi_y(Z)$ の数値計算例 ($L_1 = 2.0$, $d_1 = 0.4$, $b_1 = 0.1$, $b_2 = 0.4$, 単位：cm)

Z	$L_2/L_1 = 0.8$ $d_2/b_2 = 0.5$ $f_x/f_y \fallingdotseq 1.014$		$L_2/L_1 = 1.0$ $d_2/b_2 = 0.6$ $f_x/f_y \fallingdotseq 1.036$		$L_2/L_1 = 0.3$ $d_2/b_2 = 0.7$ $f_x/f_y \fallingdotseq 0.985$	
	f_x モード $\Xi_x(Z)$	f_y モード $\Xi_y(Z)$	f_x モード $\Xi_x(Z)$	f_y モード $\Xi_y(Z)$	f_x モード $\Xi_x(Z)$	f_y モード $\Xi_y(Z)$
0.0	2.315 9	3.061 1	2.498 6	3.480 7	2.629 5	3.794 4
0.1	2.013 9	2.371 4	2.162 0	2.618 6	2.267 7	2.808 3
0.2	1.712 8	1.698 2	1.826 8	1.787 1	1.907 9	1.866 4
0.3	1.414 3	1.079 9	1.496 2	1.056 5	1.555 2	1.069 1
0.4	1.121 6	0.572 4	1.175 3	0.527 4	1.217 6	0.559 3
0.5	0.838 5	0.242 9	0.870 7	0.307 0	0.903 2	0.389 5
0.6	0.571 4	0.135 4	0.593 2	0.207 1	0.616 7	0.263 3
0.7	0.340 5	0.080 0	0.354 4	0.122 5	0.369 2	0.156 1
0.8	0.159 9	0.037 2	0.166 9	0.057 1	0.174 2	0.073 0
0.9	0.042 1	0.009 7	0.044 1	0.015 0	0.046 1	0.019 1
1.0	0.000 0	0.000 0	0.000 0	0.000 0	0.000 0	0.000 0

10.2 有限要素法

10.2.1 有限要素法の概要

単純な問題を除く多くの工学的問題では，その基礎方程式は複雑な偏微分方程式で与えられるため，数学的に厳密な解を求めることは不可能である。複雑な形状のものについては，数値解析法により近似的に解析することが可能であり，数値解析法の一つとして有限要素法がある。有限要素法は，航空機などの

10.2 有限要素法　　161

複雑な構造物体の強度計算や振動解析を行うための手法として1950年代に開発されたといわれている。これは複雑な構造物体を要素と呼ばれる小領域に分割して，その一つ一つに対して等価的なモデルを作り，これら全体について連続条件を考慮して組み立てることによって解析を行う手法である[4],[5]。

有限要素法による解析法の詳細は専門書に譲るが，その手順の概略は以下のようになる。

① 解析対象物の振動体を三角形のような単純な形状をした多数の有限個の要素に分割する（離散化）。
② 各要素内で求めたい未知関数（変位量や電圧など）を，多項式などの単純な形状関数（補間関数や内挿関数ともいう）で仮定する。
③ 各要素に関して離散化された汎関数を行列の形で求め，各要素の行列を行列間の連続の条件を考慮して組み合わせ，振動体全体の行列を組み立てる。

以上の手順を踏むことで，複雑な方程式を近似方程式に置き換え，この近似方程式をコンピュータで数値計算により解くものである。

10.2.2　双共振音片振動子の結合振動の有限要素法解析[6]

双共振子の特性は，加工ひずみ，構造の非対称性や支持などの影響により生じる機械的結合などの影響によって，本来の特性とは異なることがあり，特性の向上にはこれらの結合を低減させる必要がある。これらの諸結合の中で，機械的結合は双共振子にコーナーカットを行うことでその結合量を調整できることが知られており，機械的結合の低減方法の一つとして双共振子のコーナーをカットする方法が行われている。ここでは，有限要素法の適用例の一つとして双共振音片振動子の結合振動の解析結果について述べる。

図10.8は，有限要素法のための分割図と境界条件で，双共振音片振動子は対称構造であるために，その半区間だけを解析の対象とした。また，解析に用いた材料定数は，密度$\rho=8\,140\,\mathrm{kg/m^3}$，ヤング率$E=19.11\times10^{10}\,\mathrm{N/m^2}$，剛性率$G=6.47\times10^{10}\,\mathrm{N/m^2}$である。**図10.9**は，均一材質正方形断面の双共振音片振動子のコーナーに一定のカットを施したときの幅寸法b（厚さa：一定）

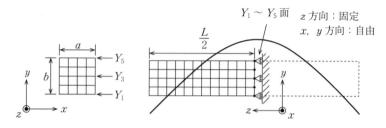

図 10.8　有限要素法のための分割図と境界条件

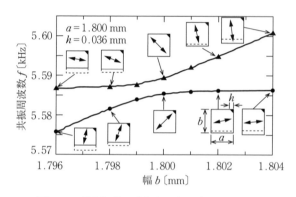

図 10.9　結合振動の計算結果（$\Delta M/M_0 = 0.02\%$）

に対する共振周波数と振動方向の計算結果で，カット量が $\Delta M/M_0=0.02\%$ の場合である。ただし，M_0 は $a=b=1.8\,\mathrm{mm}$ のときの全質量，ΔM はカットした質量である。回路論による結合振動特性と傾向が一致しており，双共振子のコーナーにわずかなカットがあると結合が生じることを示している。したがって，加工ひずみなどによる内部結合は等価的にコーナーカット量として考察することができる。

一方，**図 10.10** は，内部結合（断面右上部のコーナーカットに相当）がある状態で，断面右下部のコーナーをカットした場合の共振周波数と振動方向の変化を計算した結果である。内部結合に見合った量だけコーナーカットすると，二つの振動は垂直および水平方向の振動となり，その共振周波数は近づく。また，別の計算結果より内部結合の大きいものほど，所望の振動方向を得るためには大きなカット量が必要であることがわかる。

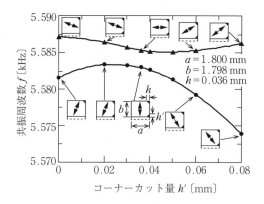

図 10.10 コーナーカットと振動方向の変化

つぎに，機械的結合に関する測定結果について述べる。図 10.11 (a)〜(c) は，恒弾性金属双共振音片振動子 (一辺 $a=b=1.8$ mm，全長 $L=$

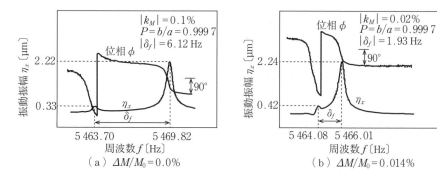

(a) $\Delta M/M_0 = 0.0\%$

(b) $\Delta M/M_0 = 0.014\%$

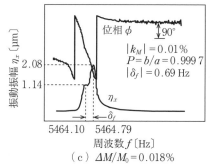

(c) $\Delta M/M_0 = 0.018\%$

図 10.11 コーナーカットによる結合振動の特性

40 mm) の結合振動の測定値の一例で，それぞれコーナーカット量が $\Delta M/M_0 =0.0\%$，0.014%，0.018% の場合である．結合のため二つの共振が現れているが，コーナーカットを行うと二つの共振周波数は近づき結合は小さくなる．図 10.12 は，コーナーカット前の結合係数 $|k_M|$ と，コーナーカットを行い，$|k_M| \fallingdotseq 0$ となったときのカット量 $\Delta M/M_0$ の関係をまとめたもので，$|k_M|$ と $\Delta M/M_0$ はほぼ比例し，機械的結合はコーナーカット量として取り扱うことができることが実験的にも確かめられている．

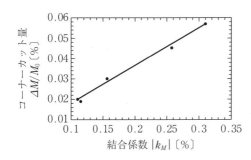

図 10.12　機械的結合量とコーナーカット量の関係

10.2.3　圧電セラミック縦振動子の有限要素法解析

つぎに，有限要素法による圧電セラミック縦振動子の共振特性の解析結果を示す．図 10.13 は，解析に用いた圧電セラミック縦振動子の外形図である．圧電セラミックは，分極軸を z 軸に選んで各材料定数を定めているので図に示す座標軸とし，上下面の電極はきわめて薄いためその厚みは無視している．また，有限要素法のための分割は，幅 W，厚さ t，長さ l についてそれぞ 5, 4, 40 の等分割，機械的な境界条件は全節点完全自由とし，電気的境界条件とし

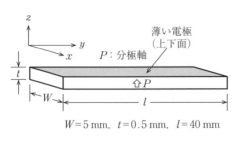

図 10.13　圧電セラミック縦振動子

て上面電極に印加電圧 1 V を適用し，下面電極を 0 V に拘束した．周波数応答解析後，電極の電位自由度に対する反力である電極表面での総電荷量から電流を求め，印加電圧 V と電極に流れる電流 I からアドミッタンス $Y=I/V$ を算出した．なお，解析に用いた圧電セラミック（N6 材）の材料定数を**表 10.2** に示す[7]．

図 10.14 は，アドミッタンス特性の解析結果で共振特性が現れており，アドミッタンス最大値での周波数における変形形状から縦振動モードであることが

表 10.2 圧電セラミック（N6 材）の材料定数

弾性スチフネス定数 [×10^{10} N/m²]		圧電定数 [C/m²]
$c_{11}^E=12.8$	$c_{12}^E= 6.9$	$e_{31}=-6.1$
$c_{13}^E= 6.6$	$c_{33}^E=11.0$	$e_{33}= 15.5$
$c_{44}^E= 2.7$	$c_{66}^E= 3.0$	$e_{15}= 11.3$
密　度 $\rho=7\,770$ kg/m³		比誘電率 $\varepsilon_{11}^T/\varepsilon_0=1\,350$ $\varepsilon_{33}^T/\varepsilon_0=1\,400$
機械的品質係数 $Q_m=1\,500$		

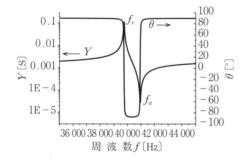

図 10.14 有限要素法による圧電セラミック縦振動子の解析結果

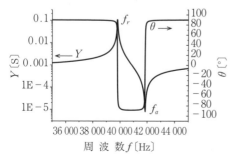

図 10.15 有限要素法による圧電セラミック縦振動子の測定結果（$V_d=0.5\mathrm{V}_{rms}$）

確認された。一方，**図10.15**は，同一寸法の圧電セラミック縦振動子を用いた測定結果で，駆動電圧 $V_d=0.5\mathrm{V}_{rms}$ の場合である。図10.14の有限要素法による解析結果は測定結果とよく一致しており，十分信頼できる結果となっている。また，**表10.3**は解析結果と測定結果をまとめたものである。アドミッタンス特性から得られた共振周波数 f_r は，図10.13の振動子の上下面電極を0Vに拘束した条件での固有値解析の結果と一致しており，測定結果とも2％程度以下で一致している。しかし，共振および反共振時のアドミッタンス値は大きく異なった値を示した。これは計算に用いた Q_m 値によると考えられ，Q 値に関しては実験で求めた値を使用することが実用的と考えられる。

表10.3 共振周波数の解析結果と測定結果

	解析結果	測定結果
共振周波数： f_r〔kHz〕	39.747	39.788
反共振周波数：f_a〔kHz〕	40.948	41.858

引用・参考文献

1) 永井健三，近野 正：電気・機械振動子とその応用, 第2章, コロナ社（1974）
2) 近野 正：ダイナミカル・アナロジー入門, 第3章, コロナ社（1980）
3) 工藤すばる，近野 正，菅原澄夫：振動ジャイロスコープに用いられる片持複合棒・双共振子の振動解析, 石巻専修大学研究紀要, **2**, pp. 33-43（1991）
4) 加川幸雄：電気・電子のための有限要素法入門, オーム社（1997）
5) 富川義朗：有限要素法とその圧電音さ等価回路素子解析への応用, テレビジョン学会誌, **31**, 6, pp. 457-466（1977）
6) 工藤すばる，近野 正，菅原澄夫：音片双共振子の機械的結合の等価回路解析, 東北大学電気通信研究所, 第271回音響工学研究会資料, 271-2, pp. 1-9（1994）
7) 東北金属工業株式会社：NEPEC高性能圧電性セラミックス, pp. 8-19（1972）

11 振動型力センサ

11.1 弦 の 振 動

　振動型力センサは，振動子の固有振動数が力により変化する現象を利用したセンサである．例えば，弦に張力を加えるとその固有振動数が増加するので，弦の振動を利用すれば力や圧力などの測定が可能である．ここでは，**図11.1**に示すように，張力 T で両端を固定した線密度 σ，長さ l の弦の振動を考える．

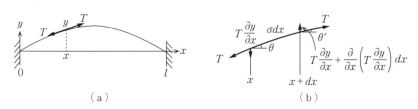

図11.1 弦 の 振 動

　いま，弦は長さ方向に対して垂直な y 方向に，微小な変位で振動しているとする．このとき，長さ dx の部分の弦の運動に寄与する力は，左右からの張力の y 方向の成分である．位置 x での y 方向の力は下向きであり，変位は小さく $\theta \cong 0$ と考えられるため $\sin\theta \cong \tan\theta$ と近似すると

$$-T\sin\theta \cong -T\tan\theta = -T\frac{\partial y}{\partial x} \tag{11.1}$$

と与えられる．一方，位置 $x+dx$ で弦に働く y 方向の力は

$$\left.\frac{\partial y}{\partial x}\right|_{x+dx} = \frac{\partial y}{\partial x} + \frac{\partial^2 y}{\partial x^2}dx$$

と近似すると

$$T \sin \theta' \cong T \tan \theta' = T\left(\frac{\partial y}{\partial x} + \frac{\partial^2 y}{\partial x^2}dx\right) \tag{11.2}$$

となる。

式 (11.1) と式 (11.2) の合力が復元力で，これが質量 σdx の物体に働く慣性力 $\sigma dx(\partial^2 y/\partial t^2)$ と釣り合うため

$$\sigma dx \frac{\partial^2 y}{\partial t^2} = T \frac{\partial^2 y}{\partial x^2} dx$$

となり，上式を整理すると運動方程式は

$$\frac{\partial^2 y}{\partial t^2} = c^2 \frac{\partial^2 y}{\partial x^2}, \quad c = \sqrt{\frac{T}{\sigma}} \tag{11.3}$$

となる。

弦の両端が固定されている場合（$x = 0, l$ で変位 $y = 0$），式 (11.3) の正弦波解は，A_n を定数とし

$$y(x, t) = \sum_{n=1}^{\infty} A_n e^{j\omega_n t} \sin\left(\frac{n\pi}{l}x\right) \tag{11.4}$$

と表すことができ，共振角周波数 ω_n は n を次数として

$$\omega_n = \frac{n\pi}{l}\sqrt{\frac{T}{\sigma}} \tag{11.5}$$

で与えられる。次数 $n = 1 \sim 4$ に対する弦の振動分布の例を図 11.2 に示す。

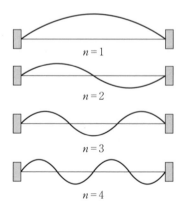

図 11.2　弦の振動分布の例

11.1 弦 の 振 動

式 (11.5) から明らかなように，$n=1$ は周波数が最も低い振動であり，**基本モード** (fundamental mode) といい，このときの周波数 $f_1=c/(2l)$ を**基本周波数** (fundamental frequency) という。弦の両端の境界は含めないで，振幅が 0 の位置を振動の**節**(ふし) (node)，振幅が極大となる位置を振動の**腹**(はら) (loop) という。$n-1$ 個の振動の節が現れ，n 個の腹が現れる。また，張力すなわち力が変化することにより共振周波数が変化する現象を利用することで力センサが実現できる。

例えば，図 11.3 に示すように弦の一端を固定し，他端に物体の質量により力を加えた系を考えると，周波数を測定することで張力を求めることができる[1]。この弦振動子を用いて圧力計や電子はかりなどが提案されてきた。このような周波数変化型のセンサは，力などの測定値に対して振動子の共振周波数の関係が非線形であるものの，ディジタル信号処理が容易であるという特徴を持っている。しかし，弦振動子を用いた力センサでは，弦の振動の駆動および検出方法が容易でないことに加え，支持状態を一定に保つことが困難なため，安定な振動子を得ることが難しい。11.2 節では，これらの欠点を取り除いた複合音さ型振動子を用いた力センサについて解説する。

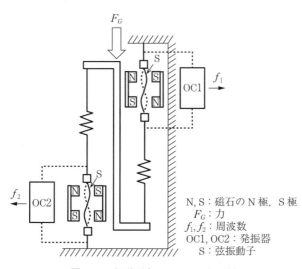

図 11.3 振動型力センサはかりの例

N, S：磁石の N 極，S 極
F_G：力
f_1, f_2：周波数
OC1, OC2：発振器
S：弦振動子

11.2 複合音さ型振動子を用いた力センサ

弾性体の共振周波数はその材質と形状によって決まるため，共振周波数がひずみ，力，圧力などの特定の物理量によって変化する振動子を設計すればセンサとして利用できる。しかし，単純な形状の振動子では，支持条件の微小変化により振動エネルギーが外部へ漏れ，機械的Q値が低下するために，共振周波数が安定な振動子を得ることは難しい。

図11.4は，2本の横振動子を結合させた複合音さ型振動子を用いた力センサの構成例である[2]。振動子の共振周波数は，振動子端部に接着された一対の圧電素子を励振および検出用として自励発振回路を構成することで測定する。この複合音さ型振動子は，結合部の構造を適切に設計することで支持部の振動変位をきわめて小さい値にすることができるため，振動エネルギーが振動子内部に閉じ込められQ値の高い振動子が実現できることが知られている。この振動子に支持部を通じて**軸力**（axial force）が印加されると，その共振周波数が変化するので，周波数を測定すれば軸力が求められるため力センサとして利用することができる。

いま，引張軸力Fを正にとり，$F=0$のときの共振周波数をf_0とすると，

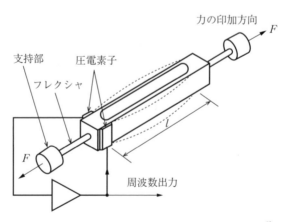

図11.4 複合音さ型振動子を用いた力センサの構成例[2]

11.2 複合音さ型振動子を用いた力センサ

複合音さ型振動子の共振周波数 f は近似的に式 (11.6) で表される[3]。

$$f \cong f_0 \left[1 + \frac{1}{a^3} \tanh \frac{a}{2} \left(a \tanh \frac{a}{2} - 2 \right) \frac{l^2 F}{2EI} \right]^{1/2},$$

$$f_0 = \frac{a^2}{2\pi l^2} \sqrt{\frac{EI}{\rho A}} \tag{11.6}$$

ここで，a：振動次数 n により決まる規準定数（$\cong (1+2n)\pi/2$），l：振動子の長さ，E：ヤング率，I：振動子の断面2次モーメント，A：振動子の断面積，ρ：振動子の密度である。

図 11.5 は，図 11.4 に示す複合音さ型振動子（実効長 10 mm，厚さ 0.1 mm，幅 2.0 mm）の圧縮方向に軸力を加えたときの共振周波数変化率（$\Delta f/f_0$）の測定例で[2]，振動次数 n をパラメータとして表している。式 (11.6) による計算結果とよく一致していることがわかる。

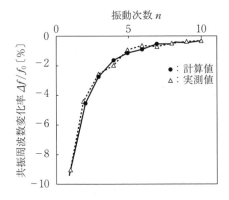

図 11.5 共振周波数変化率の測定例（6N 印加時）[2]

軸力により振動子に生じる軸ひずみを ε とすると，式 (11.6) は

$$f \cong f_0 \left[1 + \frac{1}{a^3} \tanh \frac{a}{2} \left(a \tanh \frac{a}{2} - 2 \right) \frac{Al^2}{I} \varepsilon \right]^{1/2} \tag{11.7}$$

となる。したがって，共振周波数 f_0 の近傍での単位軸ひずみ当りの周波数変化率 S_F は式 (11.8) で表される[3]。

$$S_F = \frac{1}{f_0} \frac{\partial f_0}{\partial \varepsilon} = \frac{1}{a^3} \tanh \frac{a}{2} \left(a \tanh \frac{a}{2} - 2 \right) \frac{Al^2}{2I} \tag{11.8}$$

ここで，S_F の値は図 11.4 の力センサの場合，約 100～1 000 であり，抵抗ひず

みゲージの値に比べて非常に大きい値となる。そのため，きわめて小さいひずみレベルで動作する振動子を設計することができ，再現性やヒステリシス特性に優れたセンサとなる。これは振動型力センサの特長の一つであり，圧力センサや電子はかりなどに応用されている[2]。

11.3 各種構造の横振動子を用いた力センサ

11.3.1 振動子の構造と振動変位解析

図 11.6 に，ここで取り扱う周波数変化型力センサ用横振動子の各種構造を示す。図 11.7 はその基本振動モードである[4]。図 11.6（a）の振動子は，中央アームが z 軸方向に振動する面垂直振動を利用し，図 11.6（b），（c）は，x 軸方向に振動する面内モードを利用する。また，図 11.6（d），（e）の振動子は，2 本の両アームが対称振動する面内モードを利用する。これらの横振動子が振動している状態で，振動子両端のベース部に y 軸方向から軸力が印加

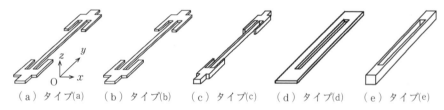

図 11.6　周波数変化型力センサ用横振動子の各種構造[4]

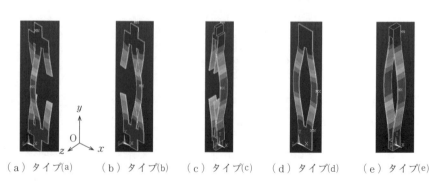

図 11.7　各種構造の力センサの基本振動モード[4]

11.3 各種構造の横振動子を用いた力センサ

されると,その共振周波数が変化するため力センサとして利用することができる。

ここでは,支持固定が容易で高感度化に適した横振動子の寸法形状を明らかにするために,**図 11.8** に示す力センサの構造と寸法,および**表 11.1** に示す外形寸法を用いて横振動子の振動変位および共振周波数の解析を行う[5]。なお,力センサとしての性能を比較するために各振動子の全長を等しく設定し,材料定数(SUS304 相当)はヤング率 $E=1.99\times10^{11}\,\mathrm{N/m^2}$,ポアソン比 $\sigma=0.34$,

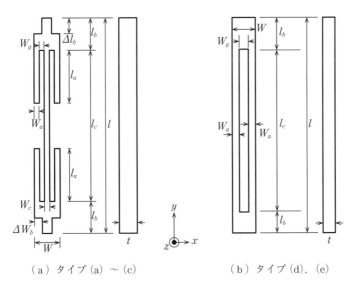

(a) タイプ (a) ～ (c)　　　　(b) タイプ (d), (e)

図 11.8 力センサの構造と寸法(文献 5 より転載)

表 11.1 センサの外形寸法(文献 5 より転載)

(a) タイプ(a)~(c)		(b) タイプ(d), (e)	
l	30~38	l	32, 36
l_a	8.0, 8.5	l_a	
l_b	3.0~7.4	l_b	4.0, 6.0
l_c	24	l_c	24
Δl_b	1.5~3.7	Δl_b	2.0, 3.0
W	1.6, 7.6	W	0.9, 4.8
W_a	0.2, 2.0	W_a	0.2, 2.0
W_c	0.2, 2.0	W_c	
W_g	0.5, 0.8	W_g	0.5, 0.8
ΔW_b	0.45, 2.4	ΔW_b	0
t	0.2, 2.0	t	0.2, 2.0

密度 $\rho=7.9\times10^3\,\mathrm{kg/m^3}$ とした。また，振動変位の解析結果は，中央アーム部の最大振動変位を $u_{i0}(i=x,y,z)$ として，支持ベース部の振動変位 u_i を基準化 (u_i/u_{i0}) して示した。

図 11.9（a），（b）は，図 11.6（a）の構造の横振動子の支持部振動変位の解析結果の一例である[5]。図 11.9（a）は，$\Delta W_b=0\,\mathrm{mm}$ のときの支持部寸法 l_b と u_z/u_{z0} の解析結果を示したものである。この場合，$l_b\fallingdotseq 3.25\,\mathrm{mm}$ でベース部中央のみ $u_z/u_{z0}\fallingdotseq 0$ となることがわかる。一方，図 11.9（b）は $\Delta l_b=l_b/2$，$\Delta W_b=2.4\,\mathrm{mm}$ のときの振動変位の解析結果である。$l_b\fallingdotseq 3.5\,\mathrm{mm}$ において，ベース部中央および端部の振動変位が同時に $u_z/u_{z0}\fallingdotseq 0$ となることが明らかとなった。さらに，この面垂直振動モードを利用すると，x,y 方向の振動変位も $u_x/u_{z0}\fallingdotseq -1.35\times 10^{-9}$，$u_y/u_{z0}\fallingdotseq -11.18\times 10^{-9}$ とほぼ 0 となることがわかった。

図 11.6（a）〜（e）の構造の横振動子について，同様の解析を行った結

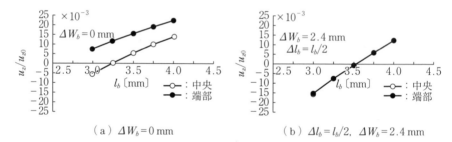

（a）$\Delta W_b=0\,\mathrm{mm}$　　　　（b）$\Delta l_b=l_b/2$，$\Delta W_b=2.4\,\mathrm{mm}$

図 11.9　図 11.6（a）に示した横振動子の支持部振動変位の解析結果の一例（文献 5 より転載）

表 11.2　各種構造の横振動子の振動変位の解析結果（文献 5 より転載）

タイプ	中央部 u_i/u_{i0} ($\times 10^{-3}$)			端部 u_i/u_{i0} ($\times 10^{-3}$)		
	u_x/u_{x0}	u_y/u_{x0}	u_z/u_{x0}	u_x/u_{x0}	u_y/u_{x0}	u_z/u_{x0}
(a)	0	0	-0.355	0	0	-0.702
(b)	0.880	-2.10	0	0.880	-8.44	0
(c)	-0.326	0	0	-0.326	-4.73	0
(d)	0	-6.64	0	-0.344	-6.89	0
(e)	0	-0.179	0	0	-0.179	0

果をまとめたものを**表 11.2** に示す[5]。図 11.6（a），（e）の構造の横振動子に関しては，支持部の振動変位比 u_i/u_{i0} は 1×10^{-3} 以下と非常に小さな値にすることができる。

11.3.2 力センサとしての特性解析

ここでは，図 11.6（a）〜（e）に示した構造の横振動子を力センサとして応用した場合の感度特性について検討する。各横振動子の両端に y 軸方向の軸力 F を印加すると，引張軸力 $F>0$ では共振周波数は増加し，圧縮軸力 $F<0$ では減少する。このときの周波数変化量 $\Delta f(=f_0'-f_0)$ は，$F=0$ 時の共振周波数 f_0 と軸力印加時の周波数 f_0' を有限要素法により求め算出した。なお，軸力を印加した場合，振動子は軸力の大きさに応じて変形するが，振動子の形状変化による共振周波数の変化量はきわめて小さいため[6]，ここでは無視して解析を行った。

図 11.10 は，各種構造の横振動子の軸力 F と周波数変化率 $\Delta f/f_0$ の関係を解析した結果である[5]。直線性に優れた特性が得られており，タイプ(a)，(c)，(e)の構造が高感度であることがわかる。$F=1\,\mathrm{N}$ 時の周波数変化率 $\Delta f/f_0$ を力センサの感度と定義し，各種構造の力センサの感度をまとめた結果を**表 11.3**に示す[5]。これらの構造の中で面内振動を利用するタイプ(c)，(e)の構造より，

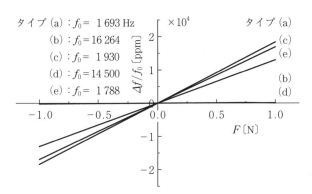

図 11.10 各種構造の横振動子の軸力 $F\,[\mathrm{N}]$ と周波数変化率 $\Delta f/f_0$（文献 5）より転載）

表 11.3　各種構造の力センサの感度（文献5）より転載）

タイプ	f_0 [Hz]	Δf [Hz/N]	$\Delta f/f_0$ [ppm/N]
(a)	1 693	31.7	18 393
(b)	16 264	3.6	218
(c)	1 930	33.2	16 914
(d)	14 500	2.5	172
(e)	1 788	23.6	13 024

面垂直振動を利用するタイプ(a)の構造のほうが感度も大きく支持部の振動変位も小さいため，3軸方向の MEMS（micro electro mechanical systems）センサには適していると考えられる。

一方，図 11.11 は，タイプ(a)，(b)，(d)の各種構造の横振動子の力センサとしての測定結果であり，有限要素法の解析結果と併せて示した[4]。なお，実験は各種振動子の中央アーム中央表面に微小圧電素子を接着し，圧電的に駆動することでその共振周波数を測定した。測定結果は解析結果とよく対応しており，直線性に優れた特性となっている。

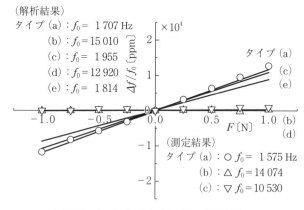

図 11.11　タイプ(a)，(b)，(d)の各種構造の力センサとしての測定結果[4]

11.3.3　加速度センサへの応用

図 11.12 は，図 11.6（a）の構造の横振動子を力センサとして利用した1

11.3 各種構造の横振動子を用いた力センサ

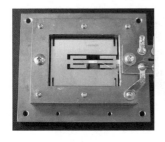

図 11.12　1軸加速度センサの試作例[4]

軸加速度センサの試作例である[4]。横振動子の一端をフレームに固定し他端に質量を付加させた構成で，ステンレススチールで構成された振動子の中央アーム上に接着した圧電セラミックにより駆動する。図 11.12 において，振動子の長さ方向に加速度が印加されると，質量に発生した力が振動子に軸力として働き，その共振周波数を変化させる構成である。この振動型力センサは，静的加速度すなわち重力加速度にも応答するので，重力場を利用して加速度 α に対する周波数変化率 $\Delta f/f_0$ を測定した。図 11.13 は，1軸加速度センサとしての測定結果である[4]。測定結果は，有限要素法による解析結果とよく対応しており，多軸感度の小さい特性が得られている。

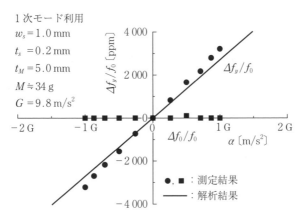

図 11.13　1軸加速度センサの測定結果[4]

一方，図 11.14 は単結晶シリコンを用いた1軸 MEMS 加速度センサの試作例で，高感度化のために折曲げ支持棒を利用した構造である[4]。振動子の形状は，全長 2 668 μm，厚さ 10 μm の PZT 薄膜により駆動される構造で，その

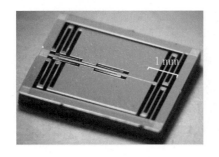

図 11.14 1軸 MEMS 加速度センサの試作例[4]

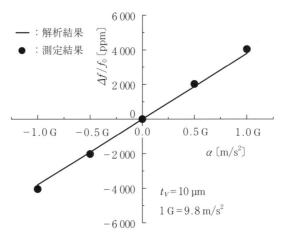

図 11.15 1軸 MEMS 加速度センサの測定結果[4]

共振周波数は $f_0=9.791$ kHz である。また，**図 11.15** は加速度センサとしての測定結果であり，解析結果と併せて記載した[4]。

11.3.4　多軸加速度センサなどへの応用

図 11.16 は，周波数変化型2軸加速度センサの構成例である[4]。2個の振動子を図示のように45°に対象に配置し，これらに質量を付加させ折曲げ支持棒を利用した構成である。2個の振動子の加速度による共振周波数の変化量 Δf とそれらの正負の組合せから，加速度 α の大きさと印加方向を知ることができる。**表 11.4** はこれらの関係を整理表示したものである[4]。ここで，F_x, F_y は x, y 軸方向の力を表し，$\Delta f_{ix}, \Delta f_{iy}$ ($i=1, 2$) はそれぞれ振動子 i の x, y 軸

11.3 各種構造の横振動子を用いた力センサ

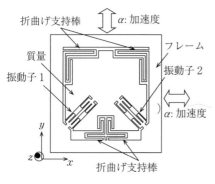

図11.16 周波数変化型2軸加速度センサの構成例[4]

表11.4 力の印加方向と周波数変化の関係[4]

	振動子1	振動子2
$F_x>0$	$\Delta f_{1x}>0$	$\Delta f_{2x}<0$
$F_x<0$	$\Delta f_{1x}<0$	$\Delta f_{2x}>0$
$F_y>0$	$\Delta f_{1y}>0$	$\Delta f_{2y}>0$
$F_y<0$	$\Delta f_{1y}<0$	$\Delta f_{2y}<0$

方向の力に対する周波数変化量を表す。**図11.17**は,図11.16の加速度センサをz軸まわりに$-45°$回転させて使用し,x軸方向に加速度を印加させた場合の測定結果である[4]。

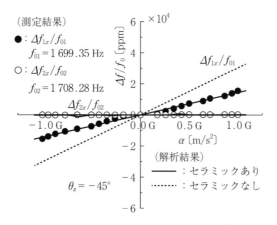

図11.17 2軸加速度センサの測定結果[4]

一方,**図11.18**は2軸加速度および1軸角速度検出用複合型センサの構成例である[4]。2軸加速度センサは図11.16に示す構成で,1軸角速度センサは4脚音さ型振動子を利用したものである。このような複合型センサの構成においては,各種の振動子の組合せが可能であり,加速度と角速度を別々のセンサから検出する構成にすることで,信号処理回路の簡素化や異常時の信号検出の可

図 11.18 2軸加速度および1軸角速度検出用複合型センサの構成例[4]

能性が増すものと考えられる。

引用・参考文献

1) 大森豊明 監修:普及版センサ技術,p. 151,フジ・テクノシステム (1998)
2) 原田謹爾,池田恭一,植田敏嗣,幸坂扶佐夫,磯崎克己:機械振動子を利用した高精度センサ,計測と制御,**24**, 8, pp. 757〜764 (1985)
3) 超音波便覧編集委員会 編:超音波便覧,p. 648,丸善 (1999)
4) 菅原澄夫:圧電型横振動子の設計とその各種センサへの応用,2015春季音響学会講演論文集,pp. 1407〜1410 (2015)
5) S. Sugawara, M. Yamakawa, and S. Kudo:Finite Element Analysis of Sensitivity of Frequency-Change Force Sensor, Jpn. J. Appl. Phys., **48**, 07GF04, pp. 3207〜3208 (2009)
6) S. Kudo and S. Sugawara:Resonance Frequency of Vibrating Resonator Deformed by Axial Force, Jpn. J.Appl. Phys., **41**, 5B, pp. 3439〜3441 (2002)

12 振動ジャイロ・角速度センサ

12.1 原理と構成

　圧電型振動ジャイロスコープ（以下，**振動ジャイロ**（vibratory gyro）と略記）は，「振動している物体に**回転角速度**（angular rate）を印加すると，その振動方向と直角方向に**コリオリ力**（Coriolis force）が発生する」という力学現象を利用した，回転体を持たない**角速度センサ**（angular rate sensor）である。振動ジャイロは，1950年代の電磁型音さジャイロ[1]や1960年代の圧電型の角柱音片型ジャイロ[2]に代表されるようにその研究開発の歴史は古く，1980年代になってからは直交アーム音さ型[3]，複合音さ型[4]が発表され，円柱[5]，円板[6]，音環[7]などを振動体としたものも提案されている。

　この種の振動ジャイロ[8],[9]は，従来のロータ回転式のジャイロと比較して

① ベアリングなどの摩耗部分がないために長寿命で起動時間が短い，
② 構造が簡単なので小型化に適しており低消費電力で安価にできる，
③ 電源および角速度出力はともに直流である，

などの特徴を有している。このため振動ジャイロは，車両のナビゲーションや姿勢制御，ビデオカメラやデジタルカメラの手振れ検知，パソコンの周辺機器制御などのキーデバイスとして各種構造・構成のものが開発・実用化されるようになった[10],[11]。このような振動ジャイロは，その特徴を生かしながらMEMSセンサとしてさらなる小型化，高性能化が期待されている[12]。**図12.1**は，各種ジャイロの性能と利用範囲を表したもので，振動ジャイロの位置付け

12. 振動ジャイロ・角速度センサ

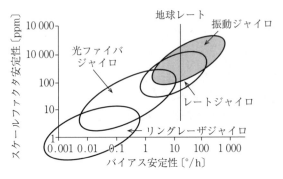

図 12.1 各種ジャイロの性能と利用範囲

を示している[13]。

図 12.2 は，振動ジャイロの力学モデルで，質量 m の物体が 4 本のバネによって支持されている構成である．いま，x 軸方向に質量が速度 $\dot{x}$ で振動している状態で，z 軸まわりに回転角速度 Ω_0 が印加すると，y 軸方向にコリオリ力 $F_c = -2m\Omega_0 \dot{x}$ が発生する．このコリオリ力は回転角速度に比例するので，何らかの方法で検出できれば角速度センサとして利用できる．

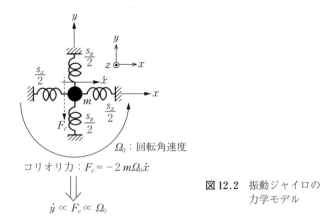

図 12.2 振動ジャイロの力学モデル

なお，振動ジャイロは，図 12.2 の力学モデルを**図 12.3** に示すような**双共振子**（double resonator）を用いて実現したものである．

図（a）は，横振動双共振子（双共振音片振動子）を用いた振動ジャイロの

12.2 等価回路

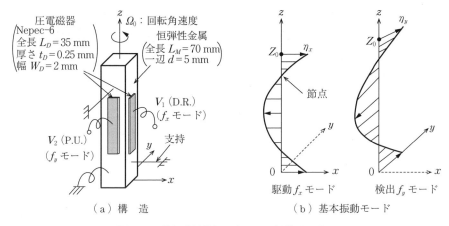

図 12.3 横振動双共振子を用いた振動ジャイロ

構造例である。恒弾性金属に接着した圧電磁器（PZT：材質 Nepec-6）でV_1(D.R.)端子で駆動しV_2(P.U.)端子で検出を行う構成である。いま，図（b）に示すようにx軸方向に基本振動f_xモードで圧電的に駆動されている状態でz軸まわりにΩ_0が印加されると，Ω_0に比例したコリオリ力が直交y軸方向に発生し基本振動f_yモードが起振される。この振動速度はΩ_0に比例するので，この振動を圧電的に検出すればΩ_0を算出でき，角速度センサとして利用できる。ここで，双共振音片振動子のように駆動および検出の振動モードが等しい場合，その等価質量(m_x, m_y)は$m_x = m_y \equiv m_0$と等しくなり，双共振子の自由端Z_0における等価質量の値は$m_0 = M_0/4$となる。ここで，M_0は双共振子の全質量である。

12.2 等 価 回 路

振動ジャイロの基本等価回路[9]は，**図 12.4**（a）あるいはその変換回路（図（b））で表される。なお，等価回路導出にあたり地球の自転による回転角速度および双共振子の振動変位に対する遠心力は，考察の範囲内では十分に小さいと仮定し近似的に省略した。

184   12. 振動ジャイロ・角速度センサ

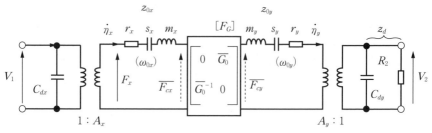

(a) 等価電気・機械回路

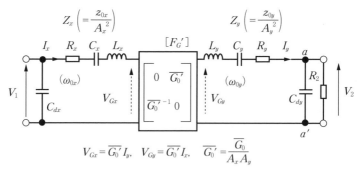

(b) 等価電気回路 (図 (a) の変換回路)

図 12.4 振動ジャイロの基本等価回路

図中の $[F_G]$, $[F_G']$ はジャイレータ行列で, $i = x, y$ として

$$\left.\begin{array}{l}\overline{G_0} = -2m_0\Omega_0, \quad \overline{F_{cx}} = \overline{G_0}\dot{\eta}_y, \quad \overline{F_{cy}} = \overline{G_0}\dot{\eta}_x, \\[6pt] z_{0i} = j\omega_d m_0 + \dfrac{s_i}{j\omega_d} + r_i, \\[6pt] \overline{G_0'} = \dfrac{\overline{G_0}}{A_x A_y}, \quad V_{Gx} = \overline{G_0'}I_y, \quad V_{Gy} = \overline{G_0'}I_x, \\[6pt] Z_i = \dfrac{z_{0i}}{A_i^2} = j\omega_d L_i + \dfrac{1}{j\omega_d C_i} + R_i \end{array}\right\} \quad (12.1)$$

と表される。ここで, Ω_0 は回転角速度, $\overline{F_{cx}}, \overline{F_{cy}}$ はコリオリ力, $\dot{\eta}_x, \dot{\eta}_y$ および A_x, A_y はそれぞれ駆動側, 検出側の振動速度および電気・機械変換器の力

係数, z_{0i}, s_i, r_i はそれぞれ双共振子の機械的な等価インピーダンス, スチフネス, 抵抗である。また, $Z_i(=z_{0i}/A_i^2)$, $L_i(=m_0/A_i^2)$, $C_i(=A_i^2/s_i)$, $R_i(=r_i/A_i^2)$ はそれぞれ電気的な等価インピーダンス, インダクタンス, 容量, 抵抗で, C_{di} は制動容量, R_2 は外部挿入負荷抵抗, $\omega_d(=2\pi f_d)$ は駆動角周波数である。なお, 駆動および検出の振動モードが異なる一般的な場合の等価質量は $m_x \neq m_y$ となるが, その場合の等価回路は規準関数を用いることで導出できる[14]。

表12.1 は, 試作・調整した双共振音片ジャイロの等価回路定数の測定例 (タイプ I) で, 12.3節で利用する。なお, 表中の $f_{0i}(=1/(2\pi\sqrt{L_iC_i}))$, $Q_i(=\omega_{0i}L_i/R_i)$, $\gamma_i(=C_{di}/C_i)$ は, $i=x, y$ としてそれぞれ双共振子の共振周波数, 共振尖鋭度および容量比で, $\omega_{0i}(=2\pi f_{0i})$ は共振角周波数である。実際にはわずかな残留漏れ出力 (漏れ電圧/駆動電圧≒50 mV/1 000 mV) が認められたが, 12.3節では, この微小な漏れ出力成分を無視した図12.4の基本等価回路を用いて理論的考察および実験的検証を行う。

表12.1 双共振音片ジャイロの等価回路定数の測定例 (タイプ I)

駆動 f_x モード		検出 f_y モード	
f_{0x} [Hz]	4 685.5	f_{0y} [Hz]	4 678.0
L_x [H]	140.51	L_y [H]	138.33
C_x [pF]	8.211	C_y [pF]	8.368
R_x [Ω]	1 379	R_y [Ω]	1 271
Q_x	3 000	Q_y	3 200
C_{dx} [nF]	2.765	C_{dy} [nF]	2.614
γ_x	337	γ_y	312
A_x [g/H]$^{1/2}$	0.160	A_y [g/H]$^{1/2}$	0.161

(備考) m_0=3.59g:等価質量 (M_0=14.36g:全質量)

12.3 感度特性

12.3.1 性能指数の導出と考察

圧電型振動ジャイロの性能は, 感度, 応答特性, 分解能, 直線性などで判別

することができる。ここでは，振動ジャイロの**性能指数**（figure of merit）（以下，F.M. と略記）の一つとして，感度に関係する入出力電圧比（V_2/V_1）を定義すると，図 12.4（a）の等価回路から

$$F.M. \equiv \frac{V_2}{V_1} = \frac{F_x}{V_1} \frac{\dot{\eta}_y}{F_x} \frac{\overline{F_{cy}}}{\dot{\eta}_x} \frac{\dot{\eta}_y}{F_{cy}} \frac{V_2}{\dot{\eta}_y} = A_x \left(\frac{\dot{\eta}_x}{F_x}\right) \overline{G_0} \left(\frac{\dot{\eta}_y}{F_{cy}}\right) A_y Z_d \tag{12.2}$$

と算出される[15]。

ここでは，F.M. が最大となる特性の駆動条件 $f_d = f_{0x} = f_{0y}'$ の場合だけについて考察する。すなわち，駆動周波数 f_d を駆動側共振周波数 f_{0x} に一致させ，さらに検出側の制動容量 C_{dy} と負荷抵抗 R_2 を考慮した実効共振周波数 f_{0y}' にも一致させて駆動していることになる。このように特別な場合，近似的に

$$F.M. \equiv \frac{V_2}{V_1} \cong j2 \left(\frac{A_x}{A_y}\right) \left(\frac{Q_x}{\omega_{0x}}\right) \left(\frac{Q_{ye}}{\gamma_{ye}}\right) \Omega_0 \tag{12.3}$$

と求められる。ここで，Q_{ye}, γ_{ye} は検出側の負荷抵抗 R_2 を考慮した実効共振尖鋭度と実効容量比である[15]。ただし，ここでは簡単のため $\gamma_{ye} \gg 1, R_2 \gg R_0 = 1/(\omega_{0y}' C_{dy})$ とし，さらに，振動ジャイロに印加される Ω_0 は一般に共振角周波数（$\omega_{0x}, \omega_{0y}'$）に比べて十分に小さいため，近似的に

$$1 \gg \frac{4 Q_x Q_y \Omega_0^2}{\omega_{0x} \omega_{0y}'} \tag{12.4}$$

とした。

また，**感度**（sensitivity）S は式（12.5）のように近似できる。

$$S \equiv \left|\frac{V_2}{\Omega_0}\right| \cong 2 \left(\frac{A_x}{A_y}\right) \left(\frac{Q_x}{\omega_{0x}}\right) \left(\frac{Q_{ye}}{\gamma_{ye}}\right) V_1 \tag{12.5}$$

一方，振動ジャイロの**時定数**（time constant）τ_{ye} は

$$\tau_{ye} \cong 2 \frac{Q_{ye}}{\omega_{0y}'} \tag{12.6}$$

と与えられるので，要求時定数が与えられた場合の F.M. および感度は

$$F.M. \equiv \frac{V_2}{V_1} \cong j \left(\frac{A_x}{A_y}\right) \left(\frac{Q_x}{\gamma_{ye}}\right) \tau_{ye} \Omega_0 \tag{12.7}$$

$$S \equiv \left|\frac{V_2}{\Omega_0}\right| \cong \left(\frac{A_x}{A_y}\right) \left(\frac{Q_x}{\gamma_{ye}}\right) \tau_{ye} V_1 \tag{12.8}$$

と表される。

式 (12.3), (12.5) は，振動ジャイロの $F.M.$ および感度の近似式で設計指針の大綱を考察するうえで役立つ。すなわち，高感度化のためには各因子 (A_x/A_y), (Q_x/ω_{0x}), (Q_{ye}/γ_{ye}) がそれぞれに大きな値となることが望まれるが，これらの因子は独立ではなく相互に関連があるため，設計においては制限や条件がある[15]。なお，双共振子の $f_{0x}(=f_d)$ と f_{0y}' を離して設定した場合の入出力電圧比[16]は，計算が複雑となるのでここでは省略する。

12.3.2　回転角速度に対する出力電圧特性

図 12.5（a），（b）は，試作圧電型振動ジャイロ（タイプ I, II）の回転角速度 Ω_0 に対する同期検波出力 V_2' の測定例で，それぞれ離調周波数 $\Delta f(=f_{0y}'-f_{0x})$ の小さい場合および大きい場合である。測定結果は，図 12.4

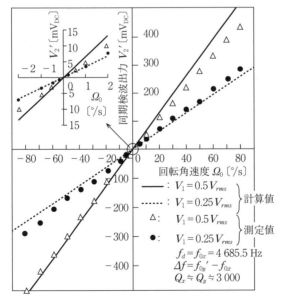

（a）タイプ I ($\Delta f \leq 1\,\mathrm{Hz}$, $f_{0x} \fallingdotseq f_{0y}'$)

図 12.5　回転速度 Ω_0 に対する同期検波出力 V_2' の測定例（つづく）

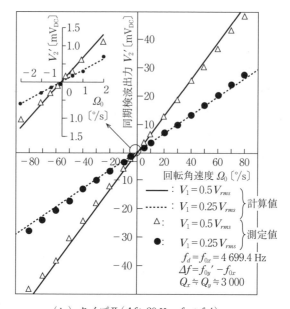

(b) タイプⅡ ($\Delta f \fallingdotseq 20$ Hz, $f_{0x} \neq f_{0y}'$)

図 12.5 (つづき)

(b)の等価回路と表12.1の等価回路定数を用いた計算結果とよく一致しているが,さらに詳細な検討は諸結合を考慮した総合等価回路[17)]による考察が必要である。また,図12.5からわかるように,共振周波数を近づけたタイプⅠのほうが離調周波数の大きいタイプⅡよりはるかに振動ジャイロの感度(V_2'/Ω_0)は大きい。離調周波数は感度や12.4節で述べる応答特性の要求仕様値に対して設定する必要がある。

12.3.3 感度の実験的検討

図 12.6(a)は,試作振動子の共振周波数 f_{0x} に対する Q_x/ω_{0x} 値の測定結果で,異なる材質で構成された共振子の特性を表示したものである。

式(12.3),(12.5)に示されている Q_x/ω_{0x} の値は周波数に対して一定ではなく,f_{0x} が高いほど低下し,さらに振動振幅が大きいほど低下する[15)]。図(b)は,試作音片型ジャイロの感度の測定結果で,$f_d = f_{0x} \fallingdotseq f_{0y}'$ ($|f_{0y}' - f_{0x}|$

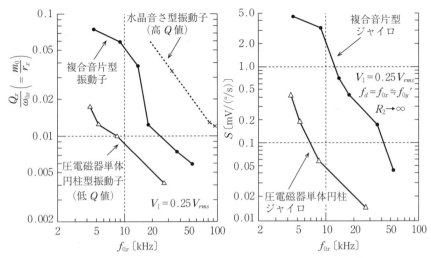

（a）共振周波数 f_{0x} に対する Q_x/ω_{0x} 値　　（b）試作音片型ジャイロの感度の測定結果

図 12.6 共振周波数 f_{0x} に対する Q_x/ω_{0x} 値と試作音片型ジャイロの感度の測定結果

≤ 1 Hz），$R_2 \to \infty$，$V_1 = 0.25\,V_{rms}$ 一定で駆動した場合である。感度 S は，式（12.5）で表されるように図（a）に示した Q_x/ω_{0x} 値にほぼ比例し，同一材質の振動ジャイロでは，f_{0x} が増加すると Q_x/ω_{0x} 値が低下するため感度は低下する。また，同一共振周波数では，$Q_x(\fallingdotseq Q_y)$ 値の高い圧電磁器接着音片型ジャイロのほうが，Q_x 値の低い圧電磁器単体円柱型ジャイロより感度は大きい。

12.4 応答特性

12.4.1 周波数応答特性

回転角速度が $\Omega(t) = K_\Omega \cos(2\pi f_\Omega t)$ と正弦波的に変化する場合の振動ジャイロの**周波数応答特性**（frequency response）について解析する。なお，K_Ω，f_Ω はそれぞれ回転角速度の振幅と回転周波数である。ここでは，$\Omega(t)$ の回転周波数 f_Ω に比べて駆動周波数 f_d が十分に大きく（$1 \gg f_\Omega/f_d$），また，簡単のために駆動側の振動速度が $\Omega(t)$ によらず一定であるとして解析を行う。これらの仮定のもとで，同期検波出力 V_2' と駆動電圧 V_1 の比 V_2'/V_1 は，$f_d = f_{0x}$

で駆動した場合，近似的に

$$\frac{V_2'}{V_1} \cong A_0 \left(\frac{A_x}{A_y}\right)\left(\frac{Q_x}{\omega_{0x}}\right) H_\Omega K_\Omega \cos(2\pi f_\Omega t + \phi_\Omega) \tag{12.9}$$

と与えられ[18]，出力 V_2' は正弦波的に変化する波形となる．ここで，A_0 は同期検波回路の回路定数，H_Ω, ϕ_Ω は振幅と位相遅れを表す量で離調周波数 Δf に依存する．

図 12.7（a）～（c）は，$\Delta f \leq 1\,\mathrm{Hz}$ に設定した圧電型振動ジャイロの同期検波出力 V_2' の測定例で，正弦波的に変化する角速度が $K_\Omega = 2°/\mathrm{s}$ 一定で，回転周波数をそれぞれ $f_\Omega = 1, 4, 20\,\mathrm{Hz}$ と変化させた場合である．回転角速度 $\Omega(t)$ が正弦波的に変化する場合，解析結果に示すように同期検波出力 V_2' もそれに追従して正弦波的に変化し，f_Ω が小さい場合は出力 V_2' の振幅は大き

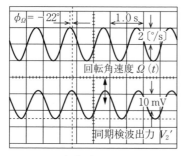

（a）$f_\Omega = 1\,\mathrm{Hz}$

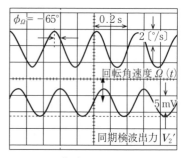

（b）$f_\Omega = 4\,\mathrm{Hz}$

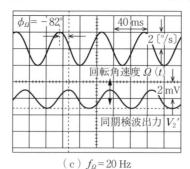

（c）$f_\Omega = 20\,\mathrm{Hz}$

図 12.7 正弦波的に変化する角速度に対する圧電型振動ジャイロの同期検波出力 V_2' の測定例（$K_\Omega = 2°/\mathrm{s}$, $\Delta f \leq 1\,\mathrm{Hz}$, $f_d = f_{0x}$, $R_2 = 200\,\mathrm{k\Omega}$）

く, $\Omega(t)$ に対する位相遅れも小さいが, f_Ω が大きくなるにつれて振幅も小さくなり位相遅れも大きくなる.

図 **12.8** (a), (b) は, f_Ω に対する出力 V_2' の周波数応答特性の計算値および測定値で, それぞれ f_Ω に対する V_2'/V_1 の振幅と回転角速度 $\Omega(t)$ に対する位相遅れ ϕ_Ω の特性を示したものである. 周波数応答特性の計算結果と測定結果はよく一致しており, ① 離調周波数が小さい $\Delta f \leqq 1\,\mathrm{Hz}$ の場合, $f_\Omega = 0\,\mathrm{Hz}$ すなわち一定の回転角速度に対する出力電圧は大きく感度も大きい

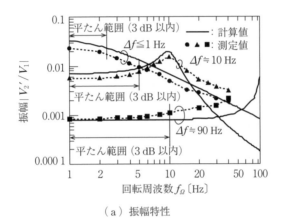

（a）振幅特性

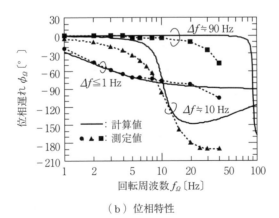

（b）位相特性

図 **12.8** 周波数応答特性の計算値および測定値
　　　　（$K_\Omega = 1\,°/\mathrm{s}$, $f_d = f_{0x}$, $R_2 = 200\,\mathrm{k}\Omega$）

が，f_Ω が増加すると出力電圧の振幅は急激に小さくなり，その平たん範囲は狭く位相遅れも大きい。② 一方，双共振子の Δf を大きく設定すると出力電圧の振幅は低下するが，f_Ω に対する出力電圧の振幅の平たん範囲が広がり，位相遅れも少なくその平たん範囲も広がる。この平たん範囲は，車両ナビゲーション用とVTRカメラの手振れ補正用の角速度センサでは，それぞれ10 Hz，15 Hz 程度が必要とされている[10]。

したがって，要求仕様値として周波数応答特性の振幅と位相の平たん範囲が与えられると，それを満足するための離調周波数 Δf 値が共振周波数 f_d ($=f_{0x}$)，共振尖鋭度 Q_y，容量比 γ_y などの値から決定される。なお，振動ジャイロの高感度化と周波数応答特性の広帯域化のために，外部からインダクタンス素子を挿入する方法も提案されている[19],[20]。

12.4.2 過渡応答特性

回転角速度がステップ状に $\Omega(t) = \Omega_0 U(t)$ と変化する場合の振動ジャイロの同期検波出力 V_2' について考察する。この場合，一般的には振動ジャイロに角加速度 $\dot{\Omega}(t)$ によるインパルス力が加わるが，ここでは，インパルス力が十分に小さく近似的に無視できると仮定して**過渡応答特性**（transient response）を解析する。

〔1〕 駆動側と検出側の共振周波数が等しい場合

振動ジャイロの駆動側共振周波数 f_{0x} と検出側の実効共振周波数 f_{0y}' を一致させ駆動したとき（$f_d=f_{0x}=f_{0y}'$, $\Delta f=f_{0y}'-f_{0x}=0$），同期検波出力 V_2' は，$Q_{ye} \gg 1$, $\gamma_{ye} \gg 1$ とすると，近似的に

$$\frac{V_2'}{V_1} \cong A_0 \left(\frac{A_x}{A_y}\right)\left(\frac{Q_x}{\omega_{0x}}\right)\left(\frac{Q_{ye}}{\gamma_{ye}}\right)\Omega_0(1-e^{-\alpha_e t}), \quad \alpha_e \cong \frac{\omega_{0y'}}{2Q_{ye}} \quad (12.10)$$

と与えられ，時定数 $\tau_{ye} \cong 1/\alpha_e$ で定常値に近づく[16]。

図 12.9 は，$\Delta f \leq 1$ Hz と設定した振動ジャイロの過渡応答波形の測定例（1）で，それぞれ $R_2=100$ kΩ, $R_2=R_0=1/(\omega_{0y}'C_{dy}) \cong 15$ kΩ に設定した場合である。式 (12.10) の解析結果に示すように，R_2 が大きく Q_{ye} が大きい図

12.4 応答特性

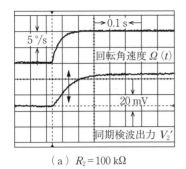
(a) $R_2 = 100\,\text{k}\Omega$

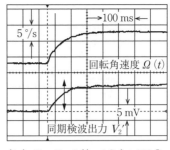
(b) $R_2 = R_0 = 1/(\omega_{0y}' C_{dy}) \fallingdotseq 15\,\text{k}\Omega$

図 12.9 振動ジャイロの過渡応答波形の測定例（1）（$\Delta f \leqq 1\,\text{Hz}$, $f_d = f_{0x} = 4.7339\,\text{kHz}$）

（a）の場合は，出力電圧 V_2' と時定数 τ_{ye} は大きいが，R_2 を小さくすると Q_{ye} が低下するため，図（b）に示すように出力電圧と時定数は小さくなる．

〔2〕 **駆動側と検出側の共振周波数が異なる場合**

振動ジャイロの共振周波数を Δf だけ離調して駆動したとき（$f_d = f_{0x}$, $\Delta f = f_{0y}' - f_{0x} \neq 0$），同期検波出力 V_2' は，$1 \gg \Delta f/f_{0y}'$, $Q_{ye} \gg 1$, $\gamma_{ye} \gg 1$ とすると，近似的に

$$\frac{V_2'}{V_1} \cong A_0 \left(\frac{A_x}{A_y}\right)\left(\frac{Q_x}{\omega_{0x}}\right) K\Omega_0 \sqrt{1 - 2e^{-\alpha_e t}\cos(\Delta\omega t) + e^{-\alpha_e t}}, \quad \Delta\omega = 2\pi\Delta f \tag{12.11}$$

と与えられ，振動しながら定常値に近づく[16]．ここで，K は感度に関係する量で Δf に依存する．

図 12.10（a），（b）は，振動ジャイロの共振周波数を Δf だけ離調した場合の過渡応答波形の測定例（2）で，それぞれ $\Delta f \fallingdotseq 10\,\text{Hz}$，$90\,\text{Hz}$ に設定した場合である．測定結果は上述した解析結果が示すように，オーバシュートの振動周波数 f_{ov} はほぼ Δf に等しく（（a）$f_{ov} \fallingdotseq 11\,\text{Hz}$，（b）$91\,\text{Hz}$），$\Delta f$ が大きいほど立ち上がり時間は小さくオーバシュート量は大きくなる．したがって，立ち上がり時間を小さくしたい場合は Δf 値を大きく設定すればよいが，離調した場合はオーバシュートが生じるので，同期検波後に低域フィルタを入れるなどして電子回路で補正して使用する必要がある．

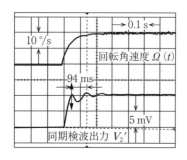
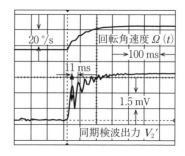

（a）$\Delta f \fallingdotseq 10$ Hz, $f_{0x}=4.8143$ kHz　　（b）$\Delta f \fallingdotseq 90$ Hz, $f_{0x}=4.8401$ kHz

図12.10 振動ジャイロの過渡応答波形の測定例（2）（Δfだけ離調した場合，$f_d=f_{0x}$, $R_2=100$ kΩ）

12.5 漏れ出力特性

12.5.1 総合等価回路

振動ジャイロの無回転時 $\Omega_0=0$ の特性は，加工ひずみ，構造の非対称性や支持などによって生じる機械的結合，ならびに圧電磁器の正規接着位置からのずれなどによる不平衡力係数成分による結合などの影響によって，本来の特性とは大幅に異なることが多く，特性を向上させるためにはこれらの結合による漏れ出力を低減させる必要がある。図12.11は，漏れ出力の発生原因となる諸結

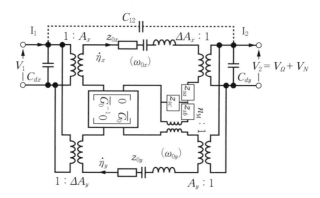

図12.11 振動ジャイロの総合等価回路

合をも考慮した振動ジャイロの総合等価回路[17]) で，ΔA_x, ΔA_y は圧電磁器の正規接着位置からのずれなどに起因する余剰力係数成分，C_{12} は入出力間の静電結合容量，z_{sc} は機械的結合を表すもので，これらの諸結合因子は振動ジャイロの漏れ出力の原因となる。

図 12.12（a），（b）は，図 12.11 を T 形回路表示したもので，それぞれ回転角速度 $\Omega_0 \neq 0$，$\Omega_0 = 0$ の場合である。図 12.12 の不平衡力係数による結合 ΔZ_{AC}，機械的結合 Z_{MC} の各素子の値は以下のように表される（ほかの素子値は省略）。

$$\Delta Z_{AC} = Z_x \frac{n_y}{(1-n_x n_y)^2} + Z_y \frac{n_x}{(1-n_x n_y)^2},$$

$$Z_{MC} = Z_M \frac{(n+n_y)(1+n_x n)}{(1-n_x n_y)^2}, \quad Z_x = \frac{z_{0x} + z_{sa}}{A_x^2},$$

$$Z_y = \frac{z_{0y} + z_{sb}/n_M^2}{A_x^2}, \quad Z_M = \frac{z_{sc}}{A_x^2}, \quad n_x = \frac{\Delta A_x}{A_x},$$

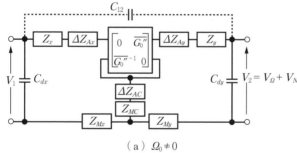

（a） $\Omega_0 \neq 0$

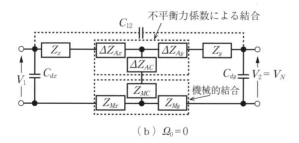

（b） $\Omega_0 = 0$

図 12.12 総合等価回路の T 形回路表示

$$n_y = \frac{\Delta A_y}{A_y}, \quad n_A = \frac{A_x}{A_y}, \quad n = n_M n_A, \quad n_M = \pm 1 \tag{12.12}$$

これら ΔZ_{AC}, Z_{MC} の結合は容量性とすることができるため，12.5.2項で述べるように，双共振子のコーナーカットなどにより小さな値とすることが可能である．

12.5.2 漏れ出力の低減化

振動ジャイロは，無回転時 $\Omega_0 = 0$ において出力電圧 $V_2(=V_N) = 0$ であることが望ましいが，前述したように種々の結合により漏れ出力 $V_N(\neq 0)$ が生じる．ここでは，漏れ出力の低減化の一例としてコーナーカットによる方法について述べる．

図 12.13（a），（b）は，双共振子を用いた試作振動ジャイロのコーナーカットの前後における駆動側から見た周波数特性の一測定結果[21]で，コーナーカットにより結合が小さくなっている．これは，10.2.2項の振動子の結合振動の有限要素法解析結果にも示されたように，加工ひずみなどによる内部結合は等価的にコーナーカット量に等しいため，内部結合に見合った量だけコーナーカットすると，結合が小さくなり駆動および検出側の共振周波数が近づくためである．

また，表 12.2 は角速度センサとしての特性例で，コーナーカットにより漏れ電圧が減少し駆動と検出の離調周波数 Δf が小さくなったため感度が大きく

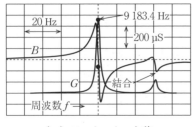
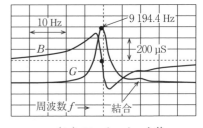

（a）コーナーカット前　　　　（b）コーナーカット後

図 12.13　双共振子を用いた試作振動ジャイロの周波数特性

表12.2 角速度センサとしての特性例 ($V_d=0.25V_{rms}$)

特　性	コーナーカット前	コーナーカット後
感度 S [mV/(°/s)]	0.05	0.08
漏れ出力 V_N { 振幅 [mV]	214	61
位相 [°]	-71	-163
SN 比 [dB]	-72	-58
離調周波数 Δf [Hz]	42	23
共振尖鋭度 Q	—	2 500

なっている。$\Omega_0=1$°/s のときの出力電圧と V_N の比を SN 比 (signal-to-noise ratio) として定義すると，コーナーカットにより SN 比は約 14 dB 改善された。しかし，コーナーカットだけでは $V_N=0$ とはできないので，補償用電子回路（例えば，差動検出回路や 2 分割電極圧電磁器を用いた構成）により見かけ上きわめて小さな値として使用するのが実際的である。

引用・参考文献

1) R. E. Barnaby, J. B. Chatterton, and F. H. Gerring：General Theory and Operational Characteristics of the Gyrotron Angular Rate Tachometer, Aeronautical Engineering Rev. 12-11, pp. 31-36 (1956)
2) W. D. Gates：Vibrating angular rate sensor may threaten the gyroscope, Electronics **48**, 10, pp. 131-134 (1968)
3) R. O. Ayres：Solid-state Rate Sensor Technology and Applications, SAE Technical Paper Ser. 830727 (1983)
4) 佐藤一輝：音叉型振動ジャイロの開発，日本航空宇宙学会第 23 回飛行機シンポジウム論文集，pp. 156-157 (1985)
5) R. M. Landon：The Vibrating Cylinder Gyro, Marconi Rev. 45-227, pp. 231-249 (1982)
6) J. S. Burdess, and T. Wren：The Theory of a Piezoelectric Disc Gyroscope, IEEE Trans., AES-22, **4**, pp. 410-418 (1986)
7) 石塚　武，新堀佑三，畑河内秀樹，野口邦彦：音環ジャイロの研究，精密学会春季大会講演論文集，pp. 509-510 (1986)
8) 近野　正：圧電形振動ジャイロスコープ，音響学会誌，**45**, pp. 402-408 (1989)
9) 近野　正，菅原澄夫，中村　尚，尾山　茂：圧電形の振動ジャイロ，信学論，**J68-A**, pp. 602-603 (1985)
10) 古賀良男，美濃部正，仲　雅文，渡辺幸雅：カメラ一体型 VTR の手ブレ補正機

能，圧電振動ジャイロを使って誤動作を減らす，日経エレクトロニクス No.541, pp. 217-226 (1991)
11) 市瀬俊彦，寺田二郎：音叉形振動ジャイロ，超音波テクノ，**6**, 9, pp. 42-47 (1994)
12) 中村僖良 監修：圧電材料の高性能化と先端応用技術，pp. 384-406, サイエンス＆テクノロジー (2007)
13) 近野 正，菅原澄夫，工藤すばる：圧電形振動ジャイロスコープ角速度センサ，電子情報通信学会論文誌，**J78-C-I**, 11, pp. 547-556 (1995)
14) 工藤すばる，近野 正：振動姿態の異なる双共振子ジャイロスコープの等価回路，音響学会誌，**51**, pp. 448-454 (1995)
15) 工藤すばる，近野 正：圧電形振動ジャイロスコープの感度と時定数の設計，音響学会誌，**51**, pp. 836-844 (1995)
16) 工藤すばる：圧電形振動ジャイロスコープの周波数応答特性及び過渡応答特性，音響学会誌，**52**, pp. 311-319 (1996)
17) 菅原澄夫，近野 正，工藤すばる，吉田登美男：圧電形振動ジャイロスコープの漏れ出力の等価回路考察，信学論，**J76-A**, pp. 263-272 (1993)
18) 工藤すばる，近野 正，菅原澄夫，吉田登美男：定速度駆動・振動ジャイロスコープの同期検波出力，電気学会，波動デバイス・周波数制御シンポジウム資料，pp. 1-6 (1991)
19) 菅原澄夫，工藤すばる：インダクタンス素子を用いた圧電型振動ジャイロの高感度化，電気学会論文誌，**120-E**, pp. 116-121 (2000)
20) 工藤すばる，菅原澄夫：インダクタンス素子を用いた圧電型振動ジャイロスコープの高感度化及び周波数応答特性の広帯域化，音響学会誌，**58**, pp. 485-492 (2002)
21) 工藤すばる，近野 正，菅原澄夫：音片双共振子の機械的結合の等価回路解析，第 271 回音響工学研究会資料，No. 271-2, pp. 1-9 (1994)

13 触覚センサ

13.1 接触インピーダンス法による触覚センサの原理

対象物の硬さや軟らかさを検出するために種々の方式の**触覚センサ**（tactile sensor）が提案されている[1]～[7]。これらの中で，圧電振動子を用いた触覚センサは，簡素な構造で小型・軽量化が可能であり低価格化が期待できるため，これまで種々の構造の振動子を用いたものが提案されている[8]～[15]。特に，縦振動子を用いた触覚センサの研究は古くから行われており[16]，その等価回路を用いた特性解析も報告されている[17],[18]。この振動型触覚センサの原理は，振動子を対象物に接触させたときにその**接触インピーダンス**（contact impedance）が変化することにより，振動子の共振周波数と共振尖鋭度が変化する現象を利用している。対象物が軟らかい場合は，接触インピーダンスは近似的に付加質量となり共振周波数は低下する。一方，対象物が硬い場合，スチフネス効果により共振周波数は増加する。

図13.1は，振動子先端の接触子形状が半球である縦振動子を用いた振動型触覚センサの一例である。縦振動やねじり振動などの微分方程式は，電気回路における**分布定数線路**（distributed constant circuit）の方程式とまったく同形であるため，縦振動子の特性は，分布定数線路を用いて類推解析することができる。**図13.2**は，縦振動子触覚センサの分布定数線路モデルである。ここで，Z_0, γ, lは，それぞれ縦振動子の**特性インピーダンス**（characteristic impedance），**伝搬定数**（propagation constant），全長である。また，Z_xは接触イ

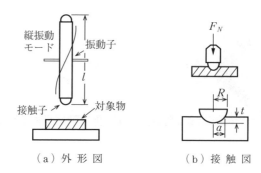

(a) 外形図　　　　(b) 接触図

図 13.1 縦振動子を用いた振動型触覚センサの一例

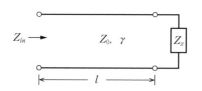

図 13.2 縦振動子触覚センサの分布定数線路モデル

ンピーダンスで，接触子の形状や接触荷重による接触面積によって変化する。

図 13.2 において，その入力インピーダンス Z_{in} は一般に

$$Z_{in}=Z_0\frac{(Z_0+Z_x)e^{\gamma l}-(Z_0-Z_x)e^{-\gamma l}}{(Z_0+Z_x)e^{\gamma l}+(Z_0-Z_x)e^{-\gamma l}} \tag{13.1}$$

と与えられる。

いま，簡単のために $\gamma=j\beta=j\omega/v_0$, $v_0=\sqrt{E/\rho}$, $Z_x=jX$ とし，振動子および対象物の減衰成分を無視する。ここで，E, ρ はそれぞれ振動子のヤング率と密度，ω は角周波数である。

ここで，共振条件 $Z_{in}=0$ から式 (13.2) が得られる。

$$\beta l=\tan^{-1}\left(-\frac{X}{Z_0}\right) \tag{13.2}$$

したがって，対象物に接触したときの縦振動子の共振周波数は

$$f=\frac{v_0}{2\pi l}\left[n\pi+\tan^{-1}\left(-\frac{X}{Z_0}\right)\right] \tag{13.3}$$

と近似され，周波数変化量 Δf $(=f-f_0)$ は $|X/Z_0|\ll 1$ と近似できる場合

$$\Delta f \cong -\frac{f_0}{n\pi}\frac{X}{Z_0} = -\frac{1}{2\pi l}\sqrt{\frac{E}{\rho}}\frac{X}{Z_0}, \quad f_0 = \frac{n}{2l}\sqrt{\frac{E}{\rho}} \tag{13.4}$$

と与えられる。ここで、f_0 は非接触時の縦振動子の共振周波数である。

式（13.4）より、対象物との接触が $X>0$ すなわち質量付加効果となる場合、振動子の共振周波数は低下し、$X<0$ すなわちスチフネス効果となる場合は、共振周波数は上昇することがわかる。

13.2 触覚センサの周波数変化率

13.2.1 軟らかい対象物の場合

対象物が軟らかく $X=\omega_0 m_L$（m_L：付加質量）と近似できる場合、振動子の周波数変化率は $M_0(=Z_0 l/v_0)$ を振動子の全質量とすると、均一断面の縦振動子の場合、その等価質量は $m_0=M_0/2$ であるから

$$\frac{\Delta f}{f_0} \cong -\frac{m_L}{M_0} = -\frac{m_L}{2\,m_0} = -\frac{m_L}{2\,\delta M_0} \tag{13.5}$$

と近似することができる[18]。なお、$\delta(=m_0/M_0)$ は等価質量係数で縦振動子の形状によって変化する。一方、図13.1（b）に示すように振動子が静荷重 F_N で対象物に加圧接触している場合、振動子に付加される等価的な質量 m_L は式（13.6）で与えられる[16]。

$$m_L = \frac{0.1}{1-\sigma}\rho_L S_C^{3/2} \tag{13.6}$$

ここで、ρ_L, σ は対象物の密度およびポアソン比である。また、S_C は接触面積で、接触半径を a、押込み深さを t、対象物のヤング率を E_L として、式（13.7）、（13.8）で与えられる。

$$S_C = \pi a^2, \quad a = \sqrt{t(2R-t)} \tag{13.7}$$

$$t = F_N^{2/3}\left(\frac{3}{4}\frac{1-\sigma^2}{E_L}\right)^{2/3} R^{-1/3} \tag{13.8}$$

13.2.2 硬い対象物の場合

対象物が硬く，$X=-s_L/\omega_0$（s_L：付加スチフネス）と近似できる場合，振動子の周波数変化率は，振動子の等価スチフネスを$s(=m_0\omega_0^2)$として

$$\frac{\Delta f}{f_0} \cong \frac{m_0}{M_0}\frac{s_L}{s} = \frac{s_L}{s}\delta \tag{13.9}$$

と近似することができる。ここで，図 13.1（b）に示すように半径 R の接触子が対象物と接触半径 a で接触している場合，振動子に付加される等価的なスチフネス s_L は式（13.10）で与えられる[16]。

$$s_L = \frac{2aE_L}{1-\sigma^2} \tag{13.10}$$

13.2.3 実験的検討[19]

〔1〕 軟らかい対象物の場合

軟らかい対象物の測定には，直径 2 mm，長さ 16 mm の円柱状 PZT 磁器を用いて，その先端を半径 $R=1$ mm の半球状に加工した振動子を使用した。試作した縦振動子の共振周波数は 105 kHz，共振尖鋭度は 55 程度であった。図 13.3（a）～（c）は，静荷重 F_N に対する周波数変化量 Δf の実験結果の一例で，対象物としてそれぞれ（a）シリコンゴム（50%），（b）シリコンと酸化チタン粉末混合物（重量比 50/40%），（c）シリコンと片栗粉の混合物（重量比 50/40%）を用いた結果である[19]。図中の実線は式（13.5）～（13.8）により算出したもので，計算に用いた対象物のヤング率 E_L は静荷重印加時の応力とひずみの測定から算出した。Δf の測定値は荷重による押込み量 t が 0 から $R/5$ の間は計算値とよく一致しているが，それ以上の荷重では計算値と実験値の差が増加する傾向を示した。これは，押込み量が大きくなると接触子と試験片の密着性が悪くなるためと考えられる。

一方，図 13.4 は静的ヤング率 E_S と触覚センサにより求めたヤング率 E_L の関係を示したもので，押込み量 t が 0.2 mm（$R/5$）の場合である[19]。静的ヤング率 E_S と接触インピーダンス法により触覚センサの Δf 値から求めたヤング

13.2 触覚センサの周波数変化率　203

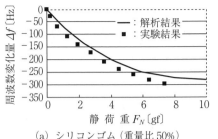

(a) シリコンゴム (重量比 50%)

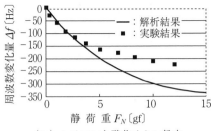

(b) シリコンと酸化チタン粉末
混合物 (重量比 50/40%)

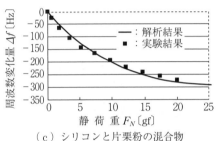

(c) シリコンと片栗粉の混合物
(重量比 50/40%)

図 13.3 静荷重 F_N に対する周波数変化量 Δf の実験結果（1）
（軟らかい対象物の場合）（文献 19）より転載）

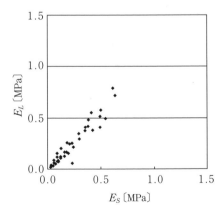

図 13.4 静的ヤング率 E_S と, 触覚セ
ンサによって求めたヤング率 E_L と
の関係（軟らかい対象物の場合,
$t=0.2$ mm, $R=1.0$ mm）（文献 19）
より転載）

率 E_L はほぼ比例関係にあるが，E_S が 0.3 MPa 程度より大きくなると E_L の
ほうがしだいに大きな値となる傾向を示した．

〔2〕 硬い対象物の場合

硬い対象物の測定には，〔1〕で述べた円柱状PZT振動子の端面に直径が1.0 mmの鋼球を接触子として接着した構造の縦振動子を使用した。図13.5は，硬い対象物としてアルミニウム（E_V=64.6 GPa）と鋼（E_V=204.4 GPa）を用いた場合の実験結果の一例で，静荷重F_Nと周波数変化量Δfの関係を示したものである[19]。なお，対象物のヤング率E_Vは圧電素子を試験片の両側に接着し，複合振動子構造としてその周波数から算出した。実験結果は，式(13.7)～(13.10)を用いて算出した計算値とよく一致している。

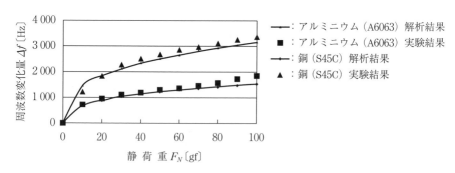

図13.5 静荷重F_Nに対する周波数変化量Δfの実験結果（2）（硬い対象物の場合）（文献19）より転載）

一方，図13.6は複合振動子法により算出したヤング率E_Vと，荷重F_Nが30 gfのときの触覚センサによるヤング率E_Lの関係を比較したものである[19]。

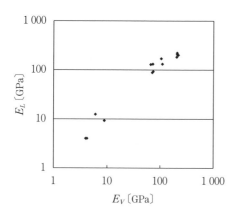

図13.6 複合振動子法によるヤング率E_Vと，触覚センサによって求めたヤング率E_Lとの関係（硬い対象物の場合，F_N=30 gf, R=0.5 mm（文献19）より転載）

両者はほぼ45°の直線状に分布しており，比例関係にあるといえる．したがって，ポアソン比を見積もっておけばヤング率 E_L は，$\varDelta f$, F_N の測定値から算出することができる．

13.3 振動子の質量と触覚センサの周波数変化率との関係[18]

振動子の質量と触覚センサの感度に相当する周波数変化率の関係を明らかにするために，**図 13.7** に示す2種類の振動子を用いて実験を行った．図（a）は，全長の異なる金属（SUS304系，幅 $W=2$ mm，厚さ $t=2$ mm，全長 l：可変）に圧電セラミックス（Nepec-6，$5\times2\times0.23$ mm^3）を接着した複合型縦振動子（特性インピーダンス $Z_0\fallingdotseq158.6$ N·s/m）であり，図（b）は，圧電セラミック単体（Nepec-21，$W=2$ mm，$t=0.9$ mm，l：可変，$Z_0\fallingdotseq39.3$ N·s/m）の縦振動子である．なお，振動子先端には接触子として半径1 mm の半球（SUJ-2）が取り付けられている．

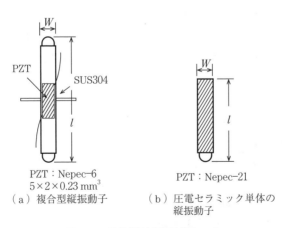

図 13.7　試作縦振動子触覚センサ

実験に用いた対象物は，（株）アクシム製のゴム硬度測定用試験片（低硬度タイプ：S1〜S3，直径44 mm，厚さ10 mm）であり[20]，その材料定数を**表**

206   13. 触覚センサ

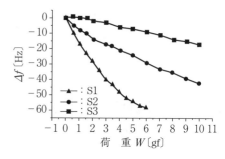

表 13.1 ゴム硬度測定用試験片の材料定数

タイプ	S1	S2	S3
ヤング率 E_s〔MPa〕	0.04	0.06	0.15
密度 ρ〔kg/m^3〕	1 045	1 080	1 100

図 13.8 複合型縦振動子を用いた試作触覚センサの特性例（1）
（$l=50$ mm, $f_0=51.55$ kHz, 1 次モード利用）

13.1 に示す。

図 13.8 は，$l=50$ mm（共振周波数 $f_0=51.55$ kHz，1 次モード利用）の複合型縦振動子を用いた触覚センサの特性例（1）である。縦振動子の共振周波数は，荷重とともに低下し，ヤング率が小さく軟らかい試験片ほど周波数の低下量は大きくなる。これは，荷重とともに接触面積すなわち接触インピーダンスが増加するためで，同一荷重では，軟らかい試験片ほど押込み量が大きく接触面積が大きいためである。また，**図 13.9** は，$l=18$ mm の複合型縦振動子（$f_0=148.88$ kHz，1 次モード利用）を用いた触覚センサ特性例（2）である。共振周波数が高い振動子のほうが，同一荷重における周波数変化量は大きくなっている。

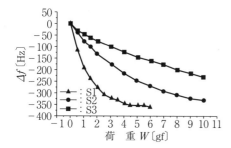

図 13.9 複合型縦振動子を用いた試作触覚センサの特性例（2）
（$l=18$ mm, $f_0=148.88$ kHz, 1 次モード利用）

一方，**表 13.2** は全長の等しい縦振動子の異なる振動モードを用いた場合の実験結果をまとめたものである。同一寸法の縦振動子を利用する場合，式

表 13.2　異なる振動モードを用いた場合の測定結果
（荷重 $W=2.5\,\mathrm{gf}$，試験片：S_1）

振動モード	共振周波数 f_0 [kHz]	周波数変化量 Δf [kHz]	周波数変化率 $|\Delta f/f_0|$ [%]
1次	51.61	−0.049	0.09
2次	103.27	−0.118	0.11
3次	153.86	−0.141	0.09

(13.5) に示すように，触覚センサの周波数変化率は振動モードに依存しないことがわかる。

図 13.10 は，縦振動子の質量 M_0 と触覚センサの周波数変化率 $|\Delta f/f_0|$ すなわち感度の関係をまとめたものである。軟らかな対象物に対する触覚センサの感度は式 (13.5) で示されるように，振動子の質量に反比例し，フィッティングにより $|\Delta f/f_0| \propto M_0^{-0.86}$ の関係があることが明らかとなった。したがって，縦振動子触覚センサの感度を向上させるには，等価質量を小さくし等価質量係数が小さい振動子形状にする必要がある。

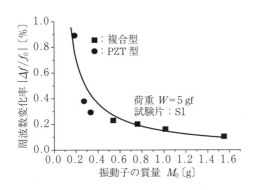

図 13.10　触覚センサにおける振動子の質量と周波数変化率の関係

13.4　触覚センサの高感度化の検討[21]

13.4.1　有限要素法によるホーン型縦振動子の等価質量の解析

触覚センサの高感度化を図るために，ここでは**図 13.11** に示すホーン型縦振動子の形状がその等価質量に与える影響を有限要素法により明らかにする。な

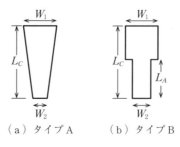

図 13.11 ホーン型縦振動子の構造

お,有限要素法解析には**表 13.3** および**表 13.4** に示した外形寸法と材料定数を用いた.

表 13.3 ホーン型縦振動子の外形寸法(単位:mm)

全長 L_C	ホーン長 L_A	幅 W_1	幅 W_2	厚さ t
16	可変	4.0	可変	2.0

表 13.4 振動子の材料定数

密度 ρ [kg/m^3]	ポアソン比 σ	ヤング率 E [N/m^2]
7 900	0.34	1.99×10^{11}

表 13.5 は,図 13.11(a)のホーン型縦振動子の等価質量の解析結果で,振動子先端をホーン形状とすることで,等価質量および等価質量係数は小さくなることがわかる.

表 13.5 等価質量の解析結果(タイプ A)

	W_2 [mm]		
	4.0	2.0	1.0
等価質量 m_0 [g]	0.494	0.262	0.158
全質量 M_0 [g]	1.011	0.758	0.632
等価質量係数 δ	0.49	0.35	0.25
共振周波数 [kHz]	156.2	159.0	165.7

一方,**図 13.12**(a),(b)は図 13.11(b)のステップ状ホーン型縦振動子の解析結果の一例で,それぞれ等価質量 m_0 および等価質量係数 δ の寸法依存性である.この結果より m_0 と δ はホーン長 $L_A \fallingdotseq 6$ mm で最小となることが

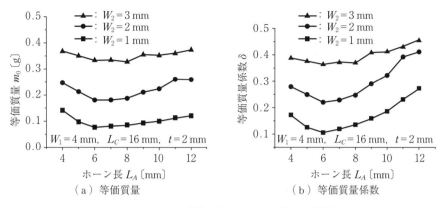

図 13.12 ホーン型縦振動子（タイプ B）の解析結果

明らかとなった。表 13.5 と図 13.12 の解析結果より，振動子先端の幅 W_2 が同じ場合，ステップ状ホーン型縦振動子の m_0 と δ のほうがより小さいため，触覚センサとして図 13.11（b）のホーン型縦振動子（L_A=6 mm， W_2=2 mm， t=2 mm）を用いることとした。

13.4.2 触覚センサの構成例

図 13.13 は，試作した縦振動子触覚センサの構造例で，それぞれ通常型縦振動子（図（a）），およびホーン型縦振動子（図（b））を用いたものである。図（b）のホーン型縦振動子は，前述の解析結果をもとに振動子の等価質量および等価質量係数が最小となるように設定したものである。また，触覚セン

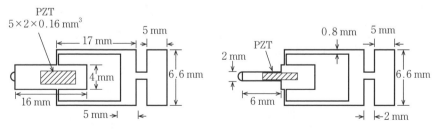

図 13.13 試作縦振動子触覚センサの構造例（厚さ：t=2 mm）

を駆動するために圧電素子（5.0×2.0×0.16 mm^3）を縦振動子中央に接着している。なお，図13.13に示す縦振動子触覚センサの支持構造は，支持部の振動変位がきわめて小さくなるように有限要素法を用いて設計した。

13.4.3 実験的検討

表13.6は，図13.13（a），（b）の縦振動子の等価質量の解析値および測定値をまとめたものである。有限要素法による等価質量の解析は，振動子先端に微小質量を付加し共振周波数の変化量から求めた。また，測定値は付加質量法により算出した。計算値と測定値は18％程度異なるが，傾向はよく一致している。

表13.6 縦振動子の等価質量の解析値および測定値

（a）通常型縦振動子（f_0＝158.90 kHz）

	等価質量 m_0〔g〕	等価質量係数 δ
解析値	0.49	0.49
測定値	0.40	0.40

（b）ホーン型縦振動子（f_0＝159.13 kHz）

	等価質量 m_0〔g〕	等価質量係数 δ
解析値	0.18	0.22
測定値	0.15	0.18

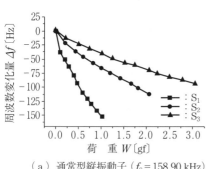
（a）通常型縦振動子（f_0＝158.90 kHz）

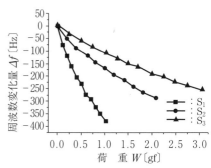
（b）ホーン型縦振動子（f_0＝159.13 kHz）

図13.14 試作触覚センサの特性例

図13.14（a），（b）は，試作触覚センサとしての特性例である。図（b）に示すホーン型縦振動子を用いた場合，図（a）の通常型縦振動子を用いた場合と比べ，同一荷重における周波数変化量Δfは大きく，周波数変化率$|\Delta f/f_0|$は2.5倍の値となった。表13.6に示すように，通常型縦振動子と比べてホーン型縦振動子の等価質量の値は0.375（≒1/2.7）倍であり，触覚センサは式（13.5）に示すように等価質量係数を小さな値となるように設定することで，感度を向上できることが実験的にも明らかとなった。なお，触覚センサの高性能化のために振動型力センサを一体化した構成などの研究も行われている[22]。

引用・参考文献

1) 谷江和雄：触覚センサー，応用物理，**54**, 4, pp. 373-379（1985）
2) 尾股定夫：硬さ知覚用触覚センサの開発，センサ技術，**10**, 10, pp. 27-31（1990）
3) J. G. da Silvia, A .A. de Carvalho, and D. D. da Silva：A Strain Gauge Tactile Sensor for Finger-Mounted Applications, IEEE Transactions on Instrumentation and Measurement, **51**, pp. 18-22（2002）
4) F. Castelli：An Integrated Tactile-Thermal Robot Sensor With Capacitive Tactile Array, IEEE Transactions on Industry Applications, **38**, pp. 85-90（2002）
5) M. Shimojo, A. Namiki, M. Ishikawa, R. Makino, and K. Mabuchi：A Tactile Sensor Sheet Using Pressure Conductive Rubber With Electrical-Wires Stitched Method, IEEE Sensors Journal, **4**, pp. 589-596（2004）
6) J. Dargahi：An Endoscopic and Robotic Tooth-like Compliance and Roughness Tactile Sensor, Journal of Mechanical Design, **124**, pp. 576-582（2002）
7) M. Ohka, Y. Mitsuya, Y. Matsunaga, and S. Takeuchi：Sensing characteristics of an optical three-axis tactile sensor under combined loading, Robotica, **22**, pp. 213-221（2004）
8) S. Omata：New type tactile sensor for sensing hardness like the human hand and its applications for living tissue, Technical Digest of the 9th Sensor Symposium, IEE of Japan, pp. 257-260（1990）
9) 尾股定夫：硬さ測定用触覚センサ，超音波テクノ，**9**, 3, pp. 6-10（1997）
10) 青柳良二：超音波振動子筋硬さプローブ，超音波テクノ，**9**, 3, pp. 11-15（1997）
11) H. Itoh, M. Nomura, and N. Katakura：Quartz-Crystal Tuning-Fork Tactile

Sensor, Jpn. J. Appl. Phys., **38**, Part1, 5B, pp. 3225-3227 (1999)
12) 小沢田正：ピエゾ振動子を用いたソフトな物体のやわらかさセンサー，超音波テクノ，**9**, 3, pp. 25-30 (1997)
13) H. Watanabe：A New Tactile Sensor Using the Edge Mode in a Piezoelectric-Ceramic Bar, Jpn. J. Appl. Phys., **40**, Part1, 5B, pp. 3704-3706 (2001)
14) S. Kudo：Vibration Characteristics of Trident-Type Tuning-Fork Resonator in the Second Flexural Mode for Application to Tactile Sensors, Jpn. J. Appl. Phys., **44**, 6B, pp. 4501-4503 (2005)
15) 村上嘉延：マイクロ触覚センサの高感度化とバイオメカニクスへの応用，電子情報通信学会技術研究報告，US2013-46, pp. 35-40 (2013)
16) C. Kleesattel and G. M. L. Gladwell：The contact-impedance meter-1, ULTRASONICS, pp. 175-180 (1968)
17) H. Itoh, N. Horiuchi, and M. Nakamura：An Analysis of the Longitudinal Mode Quartz Tactile Sensor based on the Mason Equivalent Circuit, Proc. 1996 Frequency Control Symp., pp. 572-576 (1996)
18) S. Kudo：Sensitivity of Frequency Change of Piezoelectric Vibratory Tactile sensor Using Longitudinal-Bar Type Resonator, Jpn. J. Appl. Phys., **46**, 7B, pp. 4704-4708 (2007)
19) R. Aoyagi and T. Yoshida：Frequency Equation of an Ultrasonic Vibrator for the Elastic Sensor Using a Contact Impedance Method, Jpn. J. Appl. Phys., **43**, 5B, pp. 3204-3209 (2004)
20) 工藤すばる，青柳良二，吉田哲男：触覚センサ用試験片とその粘弾性特性の有限要素法解析，超音波テクノ，**16**, 3, pp. 94-97 (2004)
21) S. Kudo：A Study of Vibratory Tactile Sensor Using a Horn-Type Longitudinal Bar Resonator, Jpn. J. Appl. Phys., **49**, 7S, pp. 1-5 (2010)
22) S. Kudo：Vibratory Tactile Sensor Integrated a Longitudinal Resonator and a Force Sensor, JSME International Journal, Series C, **49**, 3, pp. 675-680 (2006)

索 引

【あ】

圧電結晶	1
圧電効果	1
圧電材料	1
圧電定数	26
厚みすべり振動	4
アドミッタンスマトリクス	150

【い】

位相	19
位相差	15
位相差法	13
位相特性	11
インピーダンス負荷SAWセンサ	18
インピーダンスマトリクス	150
インピーダンス類推	121

【う】

浮き電極を持つ一方向性電極	11
ウレアーゼ	84

【お】

応力	25
遅い横波	28
音さ型振動子	149

【か】

階層型ニューラルネットワーク	98
回転角速度	181
化学センサ	4
角周波数	6
角速度センサ	181
拡張カルマンフィルタ	106
加水分解酵素	84
ガスセンサ	5
カット水晶	2
過渡応答	99
過渡応答特性	192
感度	22, 186
緩和時間	53

【き】

機械的摂動	33
規格化表面インピーダンス	61
疑似弾性表面波	7
基本周波数	169
基本モード	169
逆圧電効果	1
逆問題解析	51
キュリー温度	108
競合法	82
共振子	2
共振子タイプ	11
共振周波数	4
共振尖鋭度	132

【く】

駆動点インピーダンス	155
グルコースオキシダーゼ	84

【け】

検出限界	22
検出用SAWセンサ	14
減衰	19
減衰変化	20

【こ】

抗原	80
抗原抗体反応	6
剛性率	127
酵素センサ	81
抗体	80
コリオリ力	181

【さ】

酸化還元酵素	84
参照用SAWセンサ	14
サンドイッチ法	82

【し】

軸力	170
自己較正型レシオメトリック法	103
実効誘電率	61
実時間測定	6, 81
質量負荷効果	37
時定数	186
自由アドミッタンス	137

集中定数回路	121	弾性	123	**【に】**	
周波数	2	弾性スチフネス	26		
周波数応答特性	189	弾性定数	126	入力層	98
周波数変化	4	弾性波センサ	1	ニュートン流体	39
主成分分析	87	弾性波デバイス	4	ニューラルネットワーク	78
出力層	98	弾性表面波	2	尿素	84
触覚センサ	199	**【ち】**		**【ね】**	
信号雑音比	23				
人工知能	98	遅延線タイプ	11	ねじり振動	141
振動子	135	力係数	135	粘性侵入度	5
振動ジャイロ	181	中間層	98	粘弾性流体	52
振幅	19	超音波	2	粘度	6
振幅変化	19	**【て】**		**【は】**	
【す】		テクスチャ構造	48	バイオセンサ	4
水晶	1	デバイ長	72	波数	33
水晶振動子	4	デバイ・ヒュッケルの理論	72	——で規格化した減衰変化	20
水晶微量天びん	4	デュプレクサ	3	バースト法	13
すだれ状電極	2	電界	1, 26	バックプロパゲーション法	99
スムースな面	49	電気回路網	120		
ずり弾性率	4	電気機械結合係数	8	発振周波数法	13
【せ】		電気的摂動	33	速い横波	28
静電波	28	電束密度	25	腹	169
静電ポテンシャル	26	伝達マトリクス	152	判別分析	87
制動容量	137	伝搬定数	199	**【ひ】**	
性能指数	186	**【と】**			
接触インピーダンス	199	等価インダクタンス	137	非水相液体	105
摂動解	32	等価回路	137	ひずみ	1
摂動法	5	等価機械抵抗	135	非摂動解	32
センサ	4	等価キャパシタンス	137	非対称0次モードラム波	7
【そ】		等価質量	135	非ニュートン流体	39
双共振子	182	等価スチフネス	135	比誘電率	62
挿入損失	11	等価電気抵抗	137	比誘電率−導電率図表	66
速度変化	20	導電率	62	表面インピーダンス	60
その場診断	82	導電率滴定	67	表面音響インピーダンス	34
【た】		導波型 SH-SAW	106	**【ふ】**	
体積弾性率	29	等方性薄膜	4, 37	フィルタ	3
縦振動	140	特性インピーダンス	199	フォークトモデル	52
多変量解析	78	トランスデューサ	80	負荷質量	5
				複素相反定理	32

複素伝搬定数	33	【め】		横波型弾性表面波	7
複素誘電率	30	メカニカルフィルタ	147	【ら】	
節	169	免疫センサ	6	ラブ波	7
フックの法則	123	免疫反応	6	ラメ定数	5
物理センサ	4	面密度	4	ランジュバン振動子	2
分布定数回路	121	【も】		【り】	
分布定数線路	199	モード結合理論	11	粒子速度	32
【ほ】		モビリティ類推	121	粒子変位	25
ポアソン比	127	【や】		【れ】	
ボルト締めランジュバン振動子	2	ヤング率	127	レイリー波	2
【ま】		【ゆ】		【ろ】	
膜厚	4	有限要素法	121	漏洩弾性表面波	6
マクスウェルモデル	52	誘電率	26	【わ】	
【み】		【よ】		ワイヤレスSAWセンサ	9
密度	4	容量比	138		

【I】		MEMS	176	SAWひずみセンサ	110
IDT	2	【P】		SH-SAW	7
【L】		PSAW	7	SH板波	7
LoD	22	【S】		Smithの等価回路	11
LSAW	6	SAW圧力センサ	111	SN比	23, 197
L波	2	SAW温度センサ	9	STW	112
【M】		SAW共振子	3	SV波	2
Masonの等価回路	133	SAWデバイス	3		
		SAWトルクセンサ	112		

―― 著者略歴 ――

近藤　淳（こんどう　じゅん）
1990 年　静岡大学工学部光電機械工学科卒業
1993 年　静岡大学大学院工学研究科修士課程
　　　　　修了（光電機械工学専攻）
1995 年　静岡大学大学院電子科学研究科
　　　　　博士課程修了（電子応用工学専攻）
　　　　　博士（工学）
1995 年　日本学術振興会特別研究員（PD）
1996 年　カールスルーエ研究所（現 KIT）
　　　　　研究員
1997 年　静岡大学助手
2003 年　静岡大学助教授
2010 年　静岡大学教授
　　　　　現在に至る

工藤　すばる（くどう　すばる）
1982 年　山形大学工学部電気工学科卒業
1984 年　東北大学大学院工学研究科修士課程
　　　　　修了（電気及び通信工学専攻）
1984 年　横河電機株式会社勤務
1989 年　石巻専修大学助手
1995 年　博士（工学）（東北大学）
1996 年　石巻専修大学講師
2002 年　石巻専修大学助教授
2008 年　石巻専修大学教授
　　　　　現在に至る

弾性表面波・圧電振動型センサ
Surface Acoustic Wave and Piezoelectric Vibrational type Sensors

　　　　　　　　　　　　　　　　Ⓒ 一般社団法人　日本音響学会 2019

2019 年 9 月 2 日　初版第 1 刷発行

検印省略	編　　者	一般社団法人 日本音響学会
	発 行 者	株式会社　コロナ社
		代 表 者　牛来真也
	印 刷 所	新日本印刷株式会社
	製 本 所	牧製本印刷株式会社

112-0011　東京都文京区千石 4-46-10
発 行 所　株式会社　コロナ社
CORONA PUBLISHING CO., LTD.
Tokyo Japan
振替 00140-8-14844・電話(03)3941-3131(代)
ホームページ　http://www.coronasha.co.jp

ISBN 978-4-339-01138-8　C3455　Printed in Japan　　　　　（新宅）

本書のコピー，スキャン，デジタル化等の無断複製・転載は著作権法上での例外を除き禁じられています。
購入者以外の第三者による本書の電子データ化及び電子書籍化は，いかなる場合も認めていません。
落丁・乱丁はお取替えいたします。

音響サイエンスシリーズ

(各巻A5判)

■日本音響学会編

			頁	本体
1.	音色の感性学 ―音色・音質の評価と創造― ―CD-ROM付―	岩宮 眞一郎編著	240	3400円
2.	空間音響学	飯田一博・森本政之編著	176	2400円
3.	聴覚モデル	森 周司・香田 徹編	248	3400円
4.	音楽はなぜ心に響くのか ―音楽音響学と音楽を解き明かす諸科学―	山田真司・西口磯春編著	232	3200円
5.	サイン音の科学 ―メッセージを伝える音のデザイン論―	岩宮 眞一郎著	208	2800円
6.	コンサートホールの科学 ―形と音のハーモニー―	上野 佳奈子編著	214	2900円
7.	音響バブルとソノケミストリー	崔 博坤・榎本尚也・原田久志・興津健二編著	242	3400円
8.	聴覚の文法 ―CD-ROM付―	中島祥好・佐々木隆之・上田和夫・G.B.レメイン共著	176	2500円
9.	ピアノの音響学	西口 磯春編著	234	3200円
10.	音場再現	安藤 彰男著	224	3100円
11.	視聴覚融合の科学	岩宮 眞一郎編著	224	3100円
12.	音声は何を伝えているか ―感情・パラ言語情報・個人性の音声科学―	森 大毅・前川 喜久雄・粕谷 英樹共著	222	3100円
13.	音と時間	難波 精一郎編著	264	3600円
14.	FDTD法で視る音の世界 ―DVD付―	豊田 政弘編著	258	3600円
15.	音のピッチ知覚	大串 健吾著	222	3000円
16.	低周波音 ―低い音の知られざる世界―	土肥 哲也編著	208	2800円
17.	聞くと話すの脳科学	廣谷 定男編著	256	3500円
18.	音声言語の自動翻訳 ―コンピュータによる自動翻訳を目指して―	中村 哲編著	192	2600円
19.	実験音声科学 ―音声事象の成立過程を探る―	本多 清志著	200	2700円
20.	水中生物音響学 ―声で探る行動と生態―	赤松 友成・木村 里子・市川 光太郎共著	192	2600円
21.	こどもの音声	麦谷 綾子編著	254	3500円

以下続刊

笛はなぜ鳴るのか ―CD-ROM付―	足立 整治著		生体組織の超音波計測	松川 真美編著
補聴器 ―知られざるウェアラブルマシンの世界―	山口 信昭編著		骨伝導の基礎と応用	中川 誠司編著
音声コミュニケーションと障がい者	市川 熹編著			

定価は本体価格+税です。
定価は変更されることがありますのでご了承下さい。

図書目録進呈◆

音響テクノロジーシリーズ

(各巻A5判，欠番は品切です)

■日本音響学会編

			頁	本体
1.	音のコミュニケーション工学 ―マルチメディア時代の音声・音響技術―	北脇信彦編著	268	3700円
3.	音の福祉工学	伊福部達著	252	3500円
4.	音の評価のための心理学的測定法	難波精一郎・桑野園子共著	238	3500円
5.	音・振動のスペクトル解析	金井浩著	346	5000円
7.	音・音場のディジタル処理	山崎芳男・金田豊編著	222	3300円
8.	改訂 環境騒音・建築音響の測定	橘秀樹・矢野博夫共著	198	3000円
9.	新版 アクティブノイズコントロール	西村正治・宇佐川毅・伊勢史郎・梶川嘉延共著	238	3600円
10.	音源の流体音響学 ―CD-ROM付―	吉川茂・和田仁編著	280	4000円
11.	聴覚診断と聴覚補償	舩坂宗太郎著	208	3000円
12.	音環境デザイン	桑野園子編著	260	3600円
13.	音楽と楽器の音響測定 ―CD-ROM付―	吉川茂・鈴木英男編著	304	4600円
14.	音声生成の計算モデルと可視化	鏑木時彦編著	274	4000円
15.	アコースティックイメージング	秋山いわき編著	254	3800円
16.	音のアレイ信号処理 ―音源の定位・追跡と分離―	浅野太著	288	4200円
17.	オーディオトランスデューサ工学 ―マイクロホン，スピーカ，イヤホンの基本と現代技術―	大賀寿郎著	294	4400円
18.	非線形音響 ―基礎と応用―	鎌倉友男編著	286	4200円
19.	頭部伝達関数の基礎と 3次元音響システムへの応用	飯田一博著	254	3800円
20.	音響情報ハイディング技術	鵜木祐史・西村竜一・伊藤彰則・西村明・近藤和弘・薗田光太郎共著	172	2700円
21.	熱音響デバイス	琵琶哲志著	296	4400円
22.	音声分析合成	森勢将雅著	272	4000円
23.	弾性表面波・圧電振動型センサ	近藤淳・工藤すばる共著	230	3500円

以下続刊

物理と心理から見る音楽の音響	三浦雅展編著	超音波モータ	青柳学・黒澤実・中村健太郎共著
建築におけるスピーチプライバシー ―その評価と音空間設計―	清水寧編著	聴覚の支援技術	中川誠司編著
聴覚・発話に関する脳活動観測	今泉敏編著	機械学習による音声認識	久保陽太郎著

定価は本体価格+税です。
定価は変更されることがありますのでご了承下さい。

図書目録進呈◆